## DEUTSCH

**Rechtschreibung**
**5. und 6. Klasse**
ISBN 3-411-05682-7

**Rechtschreibung**
**7. und 8. Klasse**
ISBN 3-411-05692-4

**Grammatik**
**5. und 6. Klasse**
ISBN 3-411-71371-2

**Grammatik**
**7. und 8. Klasse**
ISBN 3-411-71381-X

**Diktattrainer**
**5. Klasse**
Mit Audio-CD zum Üben
ISBN 3-411-71011-X

**Diktattrainer**
**6. Klasse**
Mit Audio-CD zum Üben
ISBN 3-411-71021-7

**Diktattrainer**
**7. Klasse**
Mit Audio-CD zum Üben
ISBN 3-411-71031-4

**Diktattrainer**
**8. Klasse**
Mit Audio-CD zum Üben
ISBN 3-411-71041-1

**Aufsatz/Erzählen**
*5. bis 7. Klasse*
ISBN 3-411-05822-6

**Aufsatz/Bericht**
*5. bis 8. Klasse*
ISBN 3-411-05732-7

**Aufsatz/Inhaltsangabe**
*7. bis 9. Klasse*
ISBN 3-411-05801-3

**Aufsatz/Beschreibung**
*7. bis 10. Klasse*
ISBN 3-411-05761-0

**Aufsatz/Erörterung**
*8. bis 10. Klasse*
ISBN 3-411-05741-6

## ENGLISCH

**Englisch**
**5. Klasse**
ISBN 3-411-71281-3

**Englisch**
**6. Klasse**
ISBN 3-411-71291-0

**Englisch**
**7. Klasse**
ISBN 3-411-71301-1

**Englisch**
**8. Klasse**
ISBN 3-411-71311-9

**Englisch**
**9. Klasse**
ISBN 3-411-71321-6

**Englisch**
**10. Klasse**
ISBN 3-411-71331-3

# Duden Schülerhilfen

## Dreisatz, Prozente, Zinsen

Von den Grundbegriffen bis zur praktischen Anwendung

von Hans Borucki

mit Illustrationen von Detlef Surrey

3., aktualisierte Auflage

6. bis 8. Klasse

**Dudenverlag**

Mannheim · Leipzig · Wien · Zürich

Bibliografische Information der Deutschen Bibliothek
Die Deutsche Bibliothek verzeichnet diese Publikation in der Deutschen Nationalbibliografie; detaillierte bibliografische Daten sind im Internet über http://dnb.ddb.de abrufbar.



Das Werk wurde in neuer Rechtschreibung verfasst.

 D C B A
Redaktion: Simone Senk, Ulrike Lutz
Herstellung: Inge Ohrnberger
Umschlagkonzept: Bender & Büwendt, Berlin
Satz: Axel Schilling, Mehren/Westerwald
Druck: Druckhaus Langenscheidt KG, Berlin
Bindearbeit: Schöneberger Buchbinderei, Berlin
Printed in Germany
ISBN 3-411-70763-1

## Liebe Schülerinnen und Schüler,

es gibt kaum einen Bereich des täglichen Lebens, in dem nicht von Prozenten und Zinsen die Rede ist.
Die Zeitung meldet einen Anstieg der Lebenshaltungskosten um 2,3 %.
Der Parteipolitiker ist stolz darauf, dass er in seinem Wahlkreis 58,7 % aller Wählerstimmen erhalten hat.
Der Kaufmann lockt beim Schlussverkauf mit Preisnachlässen bis zu 33 %.
Der Arbeitnehmer freut sich, dass bei den Tarifverhandlungen eine Lohn- und Gehaltserhöhung von 4,8 % ausgehandelt wurde.
Der Sparzins ist auf 2,5 % gesunken.
Die meisten Mathematiklehrer müssen mit Entsetzen feststellen, dass weit mehr als 50 % aller Schüler Probleme mit der Prozentrechnung haben.
Und falls du zu diesen Schülern gehören solltest, dann ist dieser Band der Duden-Schülerhilfen genau das Richtige für dich. Hier lernst du die Prozentrechnung von der Pike auf. Und diese Pike heißt Dreisatz.
Prozentrechnung ist nichts anderes als angewandte Dreisatzrechnung.
Aus diesem Grunde ist das 1. Kapitel dieses Bandes ausschließlich dem Dreisatz gewidmet. Anhand vieler vollständig durchgerechneter Beispiele wird das Schema der Dreisatzrechnung übersichtlich dargestellt und erläutert. Zahlreiche Textaufgaben schließen sich an und bieten reichlich Gelegenheit zum Einüben des behandelten Stoffes.
Im 2. Kapitel wird dann das Verfahren des Dreisatzes bei direkt proportionaler Zuordnung auf die Prozentrechnung angewendet. Es wird dabei gezeigt, dass sich alle Fragestellungen der Prozentrechnung allein mithilfe des Dreisatzes bearbeiten lassen. Aus dem Dreisatz heraus werden dann die bei der Prozentrechnung üblicherweise verwendeten Formeln entwickelt. Eine Anwendung der Prozentrechnung ist die Zinsrechnung. Weil diese so wichtig ist, wurde sie als ein weiteres Kapitel aufgenommen.

## Vorwort

Um dir die Orientierung zu erleichtern, sind kleine optische Hilfen eingebaut. Besonders gekennzeichnet sind auf diese Weise

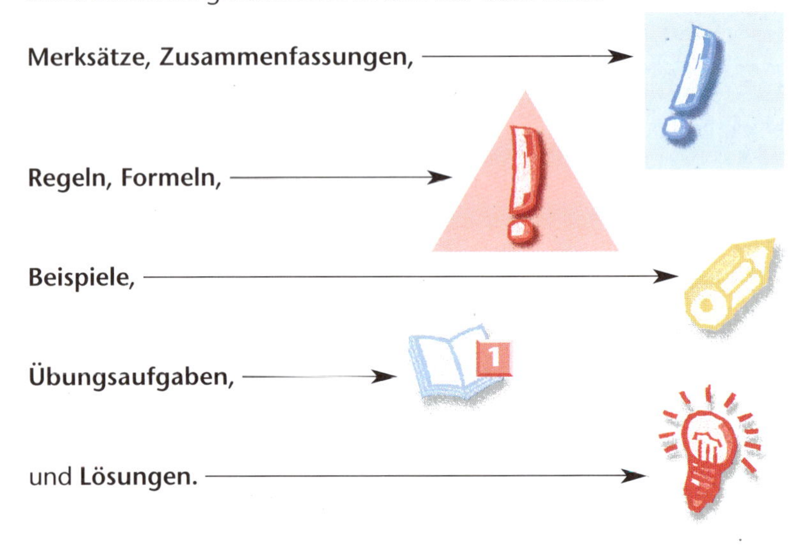


Die Lösungen der Aufgaben befinden sich auf den Seiten 101 bis 111. Wir hoffen und wünschen, dass sie stets mit den von euch gefundenen Lösungen übereinstimmen.

**Autor und Redaktion**

## 1. Kapitel



## 2. Kapitel



## 3. Kapitel



## 4. Kapitel

# Dreisatz

## 1. Die direkt proportionale Zuordnung

Familie Klein fährt im Geleitzug zur Tankstelle. Vornweg Frau Klein mit ihrem eleganten Stadtflitzer „City-rasanti", hinterher Herr Klein mit der behäbigen Familienkutsche „Plazda di massa" und zum Schluss, bei stark gedrosseltem Motor, Sohn Felix mit seinem 60-PS-Motorrad Marke „Granata mortale".

Wenn Herr Klein **doppelt so viel** tankt wie seine Frau,
dann muss er auch **doppelt so viel** bezahlen wie seine Frau.

Wenn Felix nur **halb so viel** tankt wie seine Mutter,
dann muss er auch nur **halb so viel** bezahlen wie seine Mutter.

Das ist nichts Neues!

Jedermann weiß:

Wer doppelt (dreimal, viermal ... n-mal) so viel Benzin tankt,
muss doppelt (dreimal, viermal ... n-mal) so viel dafür bezahlen.

Und wer nur die Hälfte (den 3. Teil, den 4. Teil ... den n. Teil) tankt,
der muss nur die Hälfte (den 3. Teil, den 4. Teil ... den n. Teil) bezahlen.

Man sagt:

> Zwischen der Benzinmenge und dem zu zahlenden Preis besteht eine **direkt proportionale Zuordnung.**

Oder:

> Die Benzinmenge ist dem zu zahlenden Preis **direkt proportional.**

Allgemein gilt:

*Zwischen zwei Größen besteht eine*
***direkt proportionale Zuordnung,*** *wenn*
*dem Doppelten (3fachen, 4fachen … n-fachen) der einen Größe*
*das Doppelte (3fache, 4fache … n-fache) der anderen Größe*
*zugeordnet ist.*

Daraus ergibt sich automatisch, dass auch
der Hälfte (dem 3. Teil, dem 4. Teil … dem n. Teil) der einen Größe
die Hälfte (der 3. Teil, der 4. Teil … der n. Teil) der anderen Größe
zugeordnet ist.

Für Größen, zwischen denen eine direkt proportionale Zuordnung besteht, hier nun einige **Beispiele.**

Die **Warenmenge** ist dem **Warenpreis** direkt proportional, denn wer doppelt (dreimal, viermal … n-mal) so viel kauft, muss doppelt (dreimal, viermal … n-mal) so viel bezahlen. (Gilt nur, wenn es keinen Mengenrabatt gibt!)

Bei gleich bleibender Geschwindigkeit besteht zwischen der **Fahrzeit** und der **zurückgelegten Strecke** eine direkt proportionale Zuordnung, denn wer doppelt (dreimal, viermal … n-mal) so lange fährt, legt dabei eine doppelt (dreimal, viermal … n-mal) so lange Strecke zurück.

Die in einer bestimmten Zeit **zurückgelegte Strecke** ist der **Geschwindigkeit** direkt proportional, denn bei einer doppelt (dreimal, viermal … n-mal) so großen Geschwindigkeit legt man in derselben Zeit eine doppelt (dreimal, viermal … n-mal) so lange Strecke zurück.

Die Anzahl der **Umdrehungen eines Rades** und der dabei **zurückgelegte Weg** sind direkt proportional, denn wenn sich das Rad doppelt (dreimal, viermal … n-mal) so oft dreht, legt es einen doppelt (dreimal, viermal … n-mal) so langen Weg zurück.

Bei gleich bleibenden Fahrbedingungen ist der **Benzinverbrauch** der **zurückgelegten Strecke** direkt proportional, denn für eine doppelt (dreimal, viermal … n-mal) so lange Strecke braucht man doppelt (dreimal, viermal … n-mal) so viel Benzin.

**Volumen** und **Gewicht** von Eisen sind direkt proportional, denn ein Eisenkörper mit doppelt (dreimal, viermal … n-mal) so großem Volumen hat ein doppelt (dreimal, viermal … n-mal) so großes Gewicht.

Bei gleichem Zinssatz sind die **Jahreszinsen** dem **Sparguthaben** direkt proportional, denn für ein doppelt (dreimal, viermal … n-mal) so großes Sparguthaben bekommt man doppelt (dreimal, viermal … n-mal) so viel Zinsen.

**Aber Vorsicht!**
Es gibt Größenpaare, von denen man auf den ersten Blick meinen könnte, sie seien direkt proportional, wie zum Beispiel das Gewicht eines Diamanten und sein Preis.
Beim näheren Hinschauen erkennt man aber ohne Schwierigkeiten, dass ein doppelt so schwerer Diamant in der Regel sehr viel mehr als doppelt so teuer ist.
Zwischen dem Gewicht eines Diamanten und seinem Preis besteht also **keine** direkt proportionale Zuordnung.

Nicht direkt proportional sind unter anderem auch:
- das Alter eines Säuglings und sein Gewicht, denn ein doppelt so alter Säugling ist nicht doppelt so schwer;
- das Gewicht eines Briefes und sein Porto, denn ein doppelt so schwerer Brief kostet in der Regel nicht doppelt so viel Porto;
- die Fallzeit eines in einen Brunnen geworfenen Steines und die Brunnentiefe, denn bei einer doppelt so langen Fallzeit ist der Brunnen nicht doppelt so tief;
- die Seitenzahl eines Buches und sein Preis, denn ein doppelt so dickes Buch ist in der Regel nicht doppelt so teuer.

## 2. Dreisatz bei direkt proportionaler Zuordnung

Wir kehren zurück zur Familie Klein aus dem vorigen Abschnitt, die mit zwei Autos und einem Motorrad die Tankstelle ansteuert. „Ladys first" heißt die Devise, und Frau Klein darf als Erste ihren Kleinwagen „City rasanti" voll tanken.
45 Liter „Super" lässt sie in den Tank laufen und hat dafür 49,50 € zu bezahlen.
Nun kommt Herr Klein an die Reihe. Im Tank seines „Plazda di massa" verschwinden 68 Liter „Super".
Wie viel hat Herr Klein dafür zu bezahlen?

Diese Fragestellung bearbeiten wir schrittweise so:

| | | |
|---|---|---|
| Wir wollen wissen, wie viel 68 Liter „Super" kosten. Den uns noch unbekannten Preis bezeichnen wir zunächst einmal mit „x €". | 68 Liter kosten | x € |
| Wir wissen, dass Frau Klein für 45 Liter „Super" 49,50 € bezahlt hat. | 45 Liter kosten | 49,50 € |
| Zwischen der Benzinmenge und dem zu zahlenden Preis besteht eine direkt proportionale Zuordnung. Wenn wir also nur 1 Liter, das heißt den 45. Teil von 45 Litern, tanken, dann müssen wir auch nur den 45. Teil von 49,50 € dafür bezahlen. | 45 Liter : 45 kosten<br>1 Liter kostet | 49,50 € : 45<br>1,10 € |
| Wir wissen nun, dass 1 Liter „Super" 1,10 € kostet. Wenn wir nun aber 68 Liter tanken, also das 68fache von 1 Liter, dann müssen wir auch das 68fache von 1,10 € dafür bezahlen. | 68 · 1 Liter kosten<br>68 Liter kosten | 68 · 1,10 €<br>74,80 € |

Ergebnis: Für 68 Liter „Super" hat Herr Klein 74,80 € zu bezahlen.

In einer Kurzform lässt sich unsere Überlegung so darstellen:

| | | | |
|---|---|---|---|
| Wir wollen wissen: | 68 Liter kosten | x € | |
| Wir wissen: | 45 Liter kosten | 49,50 € | |
| Schluss auf die Einheit: | 1 Liter kostet | 49,50 € : 45 = | 1,10 € |
| Schluss auf das 68fache der Einheit: | 68 Liter kosten | 68 · 1,10 € = | 74,80 € |

Und weil die Lösung über **drei** Sätze erfolgt, bezeichnet man ein derartiges Lösungsverfahren als **Dreisatz.**

Einen Dreisatz wenden wir nun auch an, um zu berechnen, wie viel das dritte Mitglied der Familie, Sohn Felix, für die 18,8 Liter „Super plus“ zu bezahlen hat, die in den Tank seines Motorrades geflossen sind. Kurz vor ihm hat ein Autofahrer für 36,2 Liter „Super plus“ 45,25 € bezahlt.

| | | | |
|---|---|---|---|
| Wir wollen wissen: | 18,8 Liter kosten | x € | |
| Wir wissen: | 36,2 Liter kosten | 45,25 € | |
| Schluss auf die Einheit: | 1 Liter kostet | 45,25 € : 36,2 = | 1,25 € |
| Schluss auf das 18,8fache der Einheit: | 18,8 Liter kosten | 18,8 · 1,25 € = | 23,50 € |

Ergebnis: Felix muss für 18,8 Liter „Super plus“ 23,50 € bezahlen.

Während Felix Klein noch seine Tankrechnung begleicht, kommt sein Freund Michael angerauscht, ebenfalls mit einer schnittigen Maschine. Um den fast leeren Tank wenigstens teilweise füllen zu können, hat er seine letzten Groschen zusammengekratzt. Auf genau 20,25 € ist er gekommen. Er tankt „Normalbenzin“ an einer Zapfsäule, an der unmittelbar vor ihm ein Autofahrer 38 Liter für 41,04 € getankt hat.
Wie viele Liter „Normalbenzin“ kann Michael für seine 20,25 € in den Tank füllen?

Im Gegensatz zu den beiden vorhergehenden Aufgaben ist jetzt nicht gefragt:

„Wie viel € muss man für eine bestimmte Literzahl bezahlen?“,
sondern:
„Wie viel Liter bekommt man für eine bestimmte Anzahl €?“

Wir lösen die Aufgabe schrittweise so:

| | |
|---|---|
| Wir wollen wissen: | Für 20,25 € bekommt man x Liter |
| Wir wissen: | Für 41,04 € bekommt man 38 Liter |
| Schluss auf die Einheit: | Für 1 € bekommt man $\frac{38}{41{,}04}$ Liter |
| Schluss auf das 27fache der Einheit: | Für 20,25 € bekommt man $\frac{20{,}25 \cdot 38}{41{,}04}$ Liter = 18,75 Liter |

Ergebnis: Michael kann für 20,25 € 18,75 Liter „Normalbenzin“ tanken.

**Beachte:** Eigentlich hätten wir beim „Schluss auf die Einheit“ die Divisionsaufgabe 38 : 41,04 berechnen müssen. Sie führt auf den periodischen Dezimalbruch 0,925925...

Diesen für die weitere Rechnung sehr unhandlichen unendlichen Dezimalbruch haben wir uns vom Halse gehalten, indem wir die Divisionsaufgabe unausgerechnet gelassen und in Form eines Bruches mit Bruchstrich geschrieben haben. Das dürfen wir, denn es gilt:

$$38 : 41{,}04 = \frac{38}{41{,}04}.$$

Beim „Schluss auf das 20,25fache der Einheit“ ergab sich dann das Produkt:

$$20{,}25 \cdot \frac{38}{41{,}04} = \frac{20{,}25 \cdot 38}{41{,}04}.$$

Durch zweckmäßiges Erweitern bzw. Kürzen gelangt man zu:

$$\frac{20{,}25 \cdot 38 \cdot 100}{41{,}04 \cdot 100} = \frac{\overset{75}{\cancel{2025}} \cdot \overset{1}{\cancel{38}}}{\underset{\underset{4}{\cancel{152}}}{\cancel{4104}}} = \frac{75}{4} = 18{,}75.$$

Wir werden in Zukunft häufig so verfahren.

Und deshalb dazu noch ein Beispiel:

Ursprünglich wollte Herr Süss ja nur 3000 Liter Heizöl tanken und sollte dafür 1130 € bezahlen. Doch während das Öl in den Tank gepumpt wird, raunt ihm der Heizölhändler zu, dass eine Erhöhung des Heizölpreises unmittelbar bevorstehe. Und schon hat Herr Süss den Köder geschluckt. „Ich glaube, dann sollten Sie den Tank doch mal lieber bis zum Rande füllen", meint er. Und so sind aus den ursprünglich bestellten 3000 Litern schließlich 3750 Liter geworden. Wie viel muss Herr Süss dafür bezahlen?

| | | |
|---|---|---|
| Wir wollen wissen: | 3750 Liter kosten | x € |
| Wir wissen: | 3000 Liter kosten | 1130 € |
| Schluss auf die Einheit: | 1 Liter kostet | $\frac{1130}{3000}$ € |
| Schluss auf das 3750fache der Einheit: | 3750 Liter kosten | $\frac{3750 \cdot 1130}{3000}$ € = 1412,50 € |

Ergebnis: Für 3750 Liter Heizöl muss Herr Süss 1412,50 € bezahlen.

Berechne ebenso die folgenden Aufgaben.

Achte dabei besonders darauf,

dass das „x" in der 1. Zeile stets auf der **rechten Seite** steht und dass die untereinander stehenden Größen jeweils die **gleiche Einheit** haben.

Dann kann eigentlich gar nichts schief gehen!

**1** „Ich weiß gar nicht, warum die Leute dauernd über die Erhöhung der Benzinpreise klagen", sagt ein Witzbold, „ich tanke nach wie vor jedes Mal für 30 €."
Wie viel Liter Benzin bekommt der Witzbold für seine 30 €, wenn

**a)** 35 Liter Benzin 42,00 € kosten;
**b)** 35 Liter Benzin 43,75 € kosten.

**2** 42 Liter Benzin kosten 51,24 €.

**a)** Wie viel kosten 35 Liter?
**b)** Wie vie! Liter bekommt man für 47,58 €?

**3** 3220 Liter Heizöl kosten 1178,52 €.

**a)** Wie viel kosten 4000 Liter?
**b)** Wie viel Liter bekommt man für 2031,30 €?

**4** Als begeisterter Heimwerker will Herr Wiener diesmal sein eigener Fliesenleger sein. Er kauft in Frankreich 960 Fliesen zum Preis von insgesamt 648 € und will das im Laufe der Zeit etwas unansehnlich gewordene Bad renovieren. Während der Arbeit zeigt sich aber, dass Herrn Wieners Heimwerkerqualitäten noch erheblich zu wünschen übrig lassen. 54 Fliesen sind im Verlaufe der Arbeit zu Bruch gegangen und müssen nachbestellt werden. Wie viel hat Herr Wiener dafür zu bezahlen?

**5** 435 kg Bananen zum Preis von 97,75 € hat ein Großhändler eingekauft. Bevor er sie weiterverkaufen kann, sind ihm 45 kg davon verdorben. Wie groß ist der dem Großhändler dadurch entstandene Schaden?

**6** Dass die Federung seines Kombi in letzter Zeit doch sehr zu wünschen übrig lässt, musste Herr Schwarz erst neulich wieder schmerzhaft zur Kenntnis nehmen. 3450 Hühnereier zum Gesamtpreis von 414 € hatte er für die Fahrt zum Markt in der nahen Großstadt geladen. 220 davon gingen während der Fahrt zu Bruch. Wie hoch war sein Verlust?

Die meisten Fleisch- und Wurstverkäuferinnen sind ganz offensichtlich von dem Drang beseelt, das, was einmal auf der Waage liegt, unter allen Umständen auch zu verkaufen.
„Darfs für 'n Zehner mehr sein?"
„Es sind ein paar Gramm mehr! Darf ichs so lassen?"
So oder so ähnlich lauten die Fragen, die tagtäglich tausendfach in den Metzgereien gestellt werden.

Die folgenden Aufgaben drehen sich um derartige Fragen.

**7** „Sonderangebot! Schnitzelfleisch, mager, 500 g nur 2,40 €" steht in großen Buchstaben über der Verkaufstheke. 1250 g von diesem Sonderangebot möchte die Kundin haben. „Es sind ein paar Gramm mehr", sagt die Verkäuferin, „ich darfs doch so lassen?" Und noch ehe die Kundin die Frage beantworten kann, ist das Fleisch schon abgepackt. 6,12 € muss die Kundin bezahlen. Wie viel „Gramm mehr" waren es?

**8** 1,25 € kosten 100 g der köstlichen Salamiwurst. 300 g davon möchte Frau Sauer haben. „Es ist für 10 Cent mehr geworden", sagt die Verkäuferin. Wie viel Gramm Salamiwurst erhält Frau Sauer, und wie viel muss sie dafür bezahlen?

**9** 350 g Aufschnitt zum Preis von 2,80 € wollte die Kundin eigentlich nur haben. „Es sind 30 g mehr geworden", sagt die Verkäuferin. Wie viel hat die Kundin zu bezahlen?

**10** Mettwurst zum Preis von 5,40 € pro Kilogramm steht im Sonderangebot. 150 g davon möchte die Kundin haben. „Es ist für 5 Cent mehr geworden“, sagt die Verkäuferin und kassiert 0,90 €. War es wirklich nur „für 5 Cent mehr“?
**Anleitung:** Berechne, wie viel 150 g Mettwurst kosten, und vergleiche mit dem geforderten Preis.

**11** 1 kg Aufschnitt kostet 8,00 €. 350 g davon möchte die Kundin haben. „Es sind 20 g mehr geworden“, stellt die Verkäuferin fest und verlangt 3,00 €. Sind es wirklich genau „20 g mehr“ geworden?

Die bisherigen Beispiele und Aufgaben waren recht eintönig. Stets ging es nur um die beiden Größen „Warenmenge“ und „Warenpreis“.
Diese Beschränkung auf das Größenpaar „Warenmenge“ und „Warenpreis“ war beabsichtigt. Dadurch sollte dir der Einstieg in die noch ungewohnte Dreisatzrechnung erleichtert werden.
Jetzt aber, nachdem du die ersten Hürden des Dreisatzes mit Erfolg genommen hast, können wir uns auch anderen Größenpaaren zuwenden. Das erfordert aber, dass wir von jetzt ab bei jeder einzelnen Aufgabe zuallererst die Frage klären müssen, ob zwischen den auftretenden Größen eine direkt proportionale Zuordnung besteht. Und nur, wenn

wir diese Frage bejaht haben, dürfen wir die eigentliche Dreisatzrechnung beginnen. Anderenfalls ist eine weitere Bearbeitung der Aufgabe nach den Regeln des Dreisatzes bei direkt proportionaler Zuordnung nicht möglich.

### Beispiel

Um sich endlich das ersehnte Moped kaufen zu können, hat Paul einen Ferienjob als Transportarbeiter in einer Maschinenfabrik angenommen. Er wird nach Arbeitsstunden bezahlt. In der 1. Woche kam er nur auf 22 Arbeitsstunden, weil die Schulferien erst am Mittwoch begannen. Für diese 22 Arbeitsstunden erhielt Paul einen Arbeitslohn von insgesamt 137,50 €. In der 2. Woche erreichte er dann die volle Wochenarbeitszeit von 38 Stunden. Wie viel Arbeitslohn bekam er dafür?

**Voruntersuchung:** Zwischen der Arbeitszeit und dem Arbeitslohn besteht eine **direkt proportionale Zuordnung,** denn für die doppelte (dreifache, vierfache ... n-fache) Arbeitszeit bekommt man den doppelten (dreifachen, vierfachen ... n-fachen) Arbeitslohn.

**Dreisatz:**

| | | | |
|---|---|---|---|
| Wir wollen wissen: | Für 38 Stunden bekommt man | | x € |
| Wir wissen: | Für 22 Stunden bekommt man | 137,50 € | |
| Schluss auf die Einheit: | Für 1 Stunde bekommt man | 137,50 € : 22 = | 6,25 € |
| Schluss auf das 38fache der Einheit: | Für 38 Stunden bekommt man | 38 · 6,25 € = | 237,50 € |

Ergebnis: Paul bekommt für 38 Arbeitsstunden einen Lohn von 237,50 €.

### Weitere Beispiele

Zu seinem 14. Geburtstag hat Frank, ein begeisterter Radballer, endlich das für diese Sportart erforderliche Spezialfahrrad mit kleiner Übersetzung und ohne Freilauf erhalten.

Mit genau 8 Pedalumdrehungen kann Frank das 14 m lange Spielfeld von Torlinie zu Torlinie durchqueren. Wie viele Pedalumdrehungen benötigt er, um das 11 m × 14 m große rechteckige Spielfeld einmal zu umrunden?

**Voruntersuchung:** Zwischen den Pedalumdrehungen und der zurückgelegten Strecke besteht eine **direkt proportionale Zuordnung,** denn mit doppelt (dreimal, viermal … n-mal) so vielen Pedalumdrehungen legt man eine doppelt (dreimal, viermal … n-mal) so lange Strecke zurück.

**Dreisatz:**

| | |
|---|---|
| Wir wollen wissen: | Für 50 m braucht man x Pedalumdrehungen |
| Wir wissen: | Für 14 m braucht man 8 Pedalumdrehungen |
| Schluss auf die Einheit: | Für 1 m braucht man $\frac{8}{14}$ Pedalumdrehungen |
| Schluss auf das 50fache der Einheit: | Für 50 m braucht man $\frac{\overset{25}{\cancel{50}} \cdot 8}{\underset{7}{\cancel{14}}} = \frac{200}{7} = 28\frac{4}{7}$ Umdrehungen |

Ergebnis: Für das Umrunden des Spielfeldes sind $28\frac{4}{7}$ Pedalumdrehungen erforderlich.

Um den Patienten vor der Operation in eine wirkungsvolle, aber weitgehend ungefährliche Narkose zu versetzen, müssen ihm pro Kilogramm seines Körpergewichtes genau 0,032 g des Narkosemittels „Sleepwell“ in die Armvene gespritzt werden. Ein 80 kg schwerer Patient bekommt also demnach $80 \cdot 0{,}032$ g = 2,56 g „Sleepwell“ verabreicht.

Vor ihrer Blinddarmoperation erhielt Tina genau 0,952 g „Sleepwell“ gespritzt. Wie schwer ist Tina?

**Voruntersuchung:** Zwischen dem Körpergewicht des Patienten und der verabreichten Menge des Narkosemittels besteht eine **direkt proportionale Zuordnung,** denn wer doppelt (dreimal, viermal … n-mal) so schwer ist, der bekommt doppelt (dreimal, viermal … n-mal) so viel Narkosemittel gespritzt.

**Dreisatz:**

| | |
|---|---|
| Wir wollen wissen: | 0,952 g Sleepwell bei x kg Körpergewicht |
| Wir wissen: | 0,032 g Sleepwell bei 1 kg Körpergewicht |
| Schluss auf die Einheit: | 1 g Sleepwell bei 1 kg : 0,032 = 31,25 kg Körpergewicht |
| Schluss auf das 0,952fache der Einheit: | 0,952 g Sleepwell bei 0,952 · 31,25 kg = 29,75 kg Körpergewicht |

Ergebnis: Tina wiegt 29,75 kg.

Aus sieben Dreisatzaufgaben besteht die Klassenarbeit. Vier davon hat Anna innerhalb einer halben Stunde gelöst. Wie lange braucht sie noch für die restlichen drei Aufgaben?

**Voruntersuchung:** Zwischen der Anzahl der Aufgaben und der zu ihrer Bearbeitung erforderlichen Zeit besteht **keine** direkt proportionale Zuordnung, denn zur Bearbeitung von doppelt (dreimal, viermal … n-mal) so vielen Aufgaben braucht man **nicht notwendigerweise** auch doppelt (dreimal, viermal … n-mal) so viel Zeit.
Die gestellte Aufgabe lässt sich nicht durch einen Dreisatz lösen.

Und nun genug der Beispiele!

Wenn du jetzt selbstständig derartige Aufgaben lösen musst, dann beachte Folgendes:

1. *Mache dir bei jeder Aufgabe zuallererst klar, ob zwischen den auftretenden Größen eine* ***direkt proportionale Zuordnung*** *besteht. Wenn das nicht der Fall ist, brauchst du nicht weiterzurechnen.*
2. *Achte darauf, dass das „x" stets in der 1. Zeile (also in der „Wir-wollen-wissen-Zeile") auf der* ***rechten Seite*** *steht.*
3. *Achte darauf, dass die untereinander stehenden Größen jeweils die* ***gleiche Einheit*** *haben.*

**12** Klügels neuer Wagen ist vom Feinsten. Sogar einen Drehzahlmesser hat er. Er zeigt an, wie viel Umdrehungen pro Minute der Motor gerade macht. Wenn Herr Klügel im 4. Gang mit einer Geschwindigkeit von 105 km/h fährt, dann zeigt der Drehzahlmesser 4200 Umdrehungen pro Minute an.

**a)** Wie viel Umdrehungen pro Minute zeigt der Drehzahlmesser an, wenn Herr Klügel im 4. Gang mit einer Geschwindigkeit von 165 km/h fährt?

**b)** Mit welcher Geschwindigkeit darf man im 4. Gang höchstens fahren, wenn 7000 Umdrehungen pro Minute keinesfalls überschritten werden dürfen?

(Falls du technisch nicht bewandert bist, sei dir hierdurch mitgeteilt, dass im gleichen Gang die Drehzahl der Geschwindigkeit direkt proportional ist.)

**13** Als begeisterter Wanderer hat sich Herr Berg einen Schrittzähler angeschafft, den er sich bei jeder seiner zahlreichen Wanderungen ans Bein hängt. Nach einer Wanderung über eine Strecke von genau 12 km zeigt der Schrittzähler an, dass Herr Berg dabei 16 000 Schritte gemacht hat. Unter der vereinfachenden Annahme, dass Herrn Berg Schrittweite stets gleich groß ist, dass er also sowohl bergauf als auch bergab als auch auf ebenen Wegstücken stets gleich weit ausschreitet, sollen die folgenden Fragen beantwortet werden:

**a)** Wie viele Schritte zeigt der Schrittmesser nach einer Wanderung von 7,2 km an?
**b)** Nach einer Wanderung zeigt der Schrittmesser 13 700 Schritte an. Wie lang war die Wanderstrecke?

Natürlich hat auch Frau Berg, die Gattin des Herrn Berg aus der vorhergehenden Aufgabe, einen Schrittzähler in Benutzung. Er registrierte bei der 12-km-Wanderung 18 750 Schritte.

**a)** Wie viele Schritte zeigt er nach einer Wanderung von 7,2 km an?
**b)** Wie lang war eine Wanderstrecke, wenn der Schrittzähler 13 700 Schritte dabei registriert hat?

50 Minuten hat es gedauert, bis Thomas ein Gedicht mit 6 Strophen zu je 4 Zeilen auswendig gelernt hat. Wie lange braucht er, wenn er ein Gedicht von 4 Strophen zu je 3 Zeilen auswendig lernen muss?

Vor dem Grenzübergang stauen sich wieder einmal die Fahrzeuge. Langsam und stockend schleicht die Fahrzeugschlange der Kontrollstelle zu. Ralf will frische Luft schnappen und sich etwas Bewegung verschaffen. Er läuft deshalb ein paar Hundert Meter neben dem langsam rollenden Wagen her. Dabei stellt er fest, dass sich jedes Rad des Autos auf dem Wege vom Schild „Grenzkontrollstelle 150 m“ bis zur Grenzkontrollstelle selbst genau 64-mal gedreht hat.

**a)** Wie viel Umdrehungen hat jedes Rad auf dem 888 km langen Weg von Wanne-Eickel nach Recreazione marittima gemacht?
**b)** Irgendwo hat Ralf einmal gelesen, dass ein guter Reifen etwa 25 000 000 Umdrehungen verkraftet, ehe er ausgewechselt werden muss. Wie viele Kilometer kann man mit einem solchen Reifen zurücklegen?

Auf der Rückfahrt aus dem Skiurlaub macht Familie Knapp am Grenzübergang zwischen der Schweiz und Deutschland Kassensturz. Jedes Familienmitglied kratzt seine letzten Franken zusammen, um sie in der Wechselstube gegen € zu tauschen. Herr Knapp bekommt für seine 32,85 Franken 22,50 €.

**a)** Wie viel € bekommt Frau Knapp für ihre 45,26 Franken?
**b)** Wie viele Franken hat Tochter Iris umgetauscht, wenn sie dafür genau 7,50 € erhalten hat?

**18** Um seine ziemlich bedrückende finanzielle Lage etwas aufzubessern, schreibt Jan Einsiedel, Student der Journalistik, hin und wieder kleine Artikel für die Heimatzeitung. Er bekommt dafür ein so genanntes Zeilenhonorar. Das heißt, für jede Zeile von ihm, die gedruckt in der Zeitung erscheint, bekommt er einen bestimmten Geldbetrag ausgezahlt. Für die 128 Zeilen seines Aufsehen erregenden Berichts über die 75-Jahr-Feier des Männergesangvereins „Concordia bibens" erhielt er ein Honorar von 17,92 €.

**a)** Wie viel € bekam Jan für den 72 Zeilen umfassenden Bericht über die Jahreshauptversammlung des Kleintierzüchtervereins?
**b)** Für den Artikel über den Flugtag der Segelfliegervereinigung „Krähenschwarm" erhielt Jan ein Honorar von 21,84 €. Wie viele Zeilen umfasste dieser Bericht?

**19** „Vom Dreisatz zur Weltraumfahrt" heißt das neueste Buch des bekannten Sachbuchautors Dittmar von Heufurt. Herr von Heufurt bekommt dafür ein so genanntes Absatzhonorar. Das heißt, für jedes Exemplar seines Buches, das verkauft wird, erhält er einen bestimmten Geldbetrag ausgezahlt. Das Buch entwickelte sich zu einem Bestseller. Bereits im 1. Jahr nach seinem Erscheinen wurden 84 700 Exemplare verkauft. Herr von Heufurt erhielt dafür ein Honorar von insgesamt 122 815 €.

**a)** Wie viele Exemplare wurden im 2. Jahr nach Erscheinen des Buches verkauft, wenn Herr von Heufurt dafür ein Honorar von 92 191 € erhielt?
**b)** Auch im 3. Jahr nach dem Erscheinen geht die Erfolgsserie weiter. 78 700 Exemplare werden den Buchhändlern förmlich aus den Händen gerissen. Wie viel € Honorar bekommt Herr von Heufurt im 3. Jahr?

### 3. Die umgekehrt proportionale Zuordnung

Im Nachbardorf ist Kirmes. Die drei Geschwister Alexander, Benjamin und Christina wollen nachsehen, ob dort wirklich etwas los ist. Am Sonntag gleich nach dem Mittagessen brechen sie auf. Benjamin schwingt sich auf sein Fahrrad.
Alexander stellt fest, dass sein Fahrrad einen Platten hat, und macht sich notgedrungen und missmutig zu Fuß auf den Weg.
Christina, die Älteste, rauscht stolz mit ihrem Mofa davon.

Wenn Christinas Geschwindigkeit **doppelt so groß** ist wie die ihres Bruders Benjamin, dann braucht sie für den Weg zum Nachbarort nur **halb so viel** Zeit wie Benjamin.
Wenn Alexanders Geschwindigkeit nur **halb so groß** ist wie die seines Bruders Benjamin, dann braucht er für den Weg zum Nachbarort **doppelt so viel Zeit** wie Benjamin.

Das ist nichts Neues. Jedermann weiß es:

Wer sich mit einer doppelt (dreimal, viermal ... n-mal) so großen Geschwindigkeit bewegt, der braucht für eine bestimmte Wegstrecke nur die Hälfte (den 3. Teil, den 4. Teil ... den n. Teil) der Zeit.
Und wessen Geschwindigkeit nur die Hälfte (den 3. Teil, den 4. Teil ... den n. Teil) beträgt, der braucht für eine bestimmte Wegstrecke doppelt (dreimal, viermal ... n-mal) so viel Zeit.

Man sagt:

Zwischen der Geschwindigkeit
und der für eine bestimmte Wegstrecke erforderlichen Zeit
besteht eine **umgekehrt proportionale Zuordnung.**

Oder:

Die Geschwindigkeit
und die für eine bestimmte Wegstrecke erforderliche Zeit
sind **umgekehrt proportional.**

Allgemein gilt:

*Zwischen zwei Größen besteht*
*eine **umgekehrt proportionale Zuordnung,** wenn*
*dem Doppelten (3fachen, 4fachen ... n-fachen)*
*der einen Größe*
*die Hälfte (der 3. Teil, der 4. Teil ... der n. Teil)*
*der anderen Größe zugeordnet ist.*

Daraus ergibt sich automatisch, dass
der Hälfte (dem 3. Teil, dem 4. Teil ... dem n. Teil) der einen Größe
das Doppelte (3fache, 4fache ... n-fache) der anderen Größe
zugeordnet ist.

Beispiele für Größen, zwischen denen eine umgekehrt proportionale Zuordnung besteht.

Die **Anzahl der Maschinen,** die zur Verrichtung einer bestimmten Arbeit eingesetzt werden, und **die Zeit,** innerhalb der diese Arbeit verrichtet wird, sind umgekehrt proportional, denn wenn man doppelt (dreimal, viermal ... n-mal) so viele Maschinen einsetzt, dann braucht man zur Verrichtung dieser Arbeit nur die Hälfte (den 3. Teil, den 4. Teil ... den n. Teil) der Zeit.

Wenn der Flächeninhalt gleich bleiben soll, dann sind **Länge** und **Breite** eines Rechtecks umgekehrt proportional, denn wenn man die Länge auf das Doppelte (3fache, 4fache ... n-fache) vergrößert, dann muss man die Breite auf die Hälfte (den 3. Teil, den 4. Teil ... den n. Teil) verkleinern.

Die **Anzahl der Passagiere** eines Schiffes und die **Zeitdauer,** für die der mitgeführte Wasservorrat reicht, sind umgekehrt proportional, denn bei doppelt (dreimal, viermal ... n-mal) so vielen Passagieren reicht der Wasservorrat nur für die Hälfte (den 3. Teil, den 4. Teil ... den n. Teil) der Zeit.

### 4. Dreisatz bei umgekehrt proportionaler Zuordnung

Wir kehren zurück zu den drei Geschwistern Alexander, Benjamin und Christina aus dem vorhergehenden Abschnitt, die zur Kirmes ins Nachbardorf wollen.
Benjamin fährt auf seinem Fahrrad mit einer Durchschnittsgeschwindigkeit von 18 km/h und erreicht den Nachbarort nach 32 Minuten. Alexander schafft zu Fuß gerade mit Mühe und Not eine Durchschnittsgeschwindigkeit von 8 km/h. Wie lange braucht er für denselben Weg ins Nachbardorf?

Diese Fragestellung beantworten wir schrittweise so:

| | | | | |
|---|---|---|---|---|
| Wir wollen wissen, wie viel Minuten man für den Weg ins Nachbardorf bei einer Geschwindigkeit von 8 km/h braucht. Diese uns noch unbekannte Zeitdauer bezeichnen wir zunächst einmal mit „x min“. | Bei | 8 km/h | braucht man | x min |

| | |
|---|---|
| Wir wissen, dass Benjamin bei einer Geschwindigkeit von 18 km/h für denselben Weg 32 min gebraucht hat. | Bei 18 km/h braucht man 32 min |

| | |
|---|---|
| Zwischen der Geschwindigkeit und der für den Weg ins Nachbardorf erforderlichen Zeit besteht eine umgekehrt proportionale Zuordnung. Wenn man also diesen Weg mit einer Geschwindigkeit von nur 1 km/h, also dem 18. Teil von 18 km/h, zurücklegt, dann braucht man dazu das 18fache von 32 min. | Bei 18 km/h : 18 braucht man 18 · 32 min<br>Bei 1 km/h braucht man 576 min |

| | |
|---|---|
| Wir wissen jetzt, dass man bei einer Geschwindigkeit von 1 km/h genau 576 min für den Weg ins Nachbardorf braucht. Wenn man sich aber nun mit einer Geschwindigkeit von 8 km/h, also dem 8fachen von 1 km/h, bewegt, dann braucht man nur noch den 8. Teil von 576 min. | Bei 8 · 1 km/h braucht man 576 min : 8<br>Bei 8 km/h braucht man 72 min |

Ergebnis: Bei einer Geschwindigkeit von 8 km/h braucht Alexander 72 Minuten für den Weg ins Nachbardorf.

In einer Kurzform lässt sich unsere Überlegung so darstellen:

| | | |
|---|---|---|
| Wir wollen wissen: | Bei 8 km/h braucht man | x min |
| Wir wissen: | Bei 18 km/h braucht man | 32 min |
| Schluss auf die Einheit: | Bei 1 km/h braucht man | 18 · 32 min = 576 min |

| Schluss auf das 8fache der Einheit: | Bei 8 km/h braucht man | 576 min : 8 = 72 min |
|---|---|---|

Auch hierbei erfolgte die Lösung in **drei Sätzen.**
Auch hierbei spricht man von einem **Dreisatz.**

Wir müssen unterscheiden zwischen

Dreisatz bei direkt proportionaler Zuordnung

und Dreisatz bei umgekehrt proportionaler Zuordnung

Zwischen diesen beiden Dreisatzarten besteht ein wesentlicher Unterschied:

*Liegt ein Dreisatz mit*

| *direkt proportionaler* | *umgekehrt proportionaler* |
|---|---|

*Zuordnung vor, so wird die rechts stehende Größe beim*
***Schluss auf die Einheit***

| *dividiert* | *multipliziert* |
|---|---|

*und beim*
***Schluss auf das Vielfache der Einheit***

| *multipliziert.* | *dividiert.* |
|---|---|

Einen Dreisatz mit umgekehrt proportionaler Zuordnung werden wir nun auch benutzen, um zu berechnen, wie lange Christina mit ihrem Mofa für die Fahrt ins Nachbardorf zur Kirmes braucht. Weil sie so gerne Mofa fährt, gönnt sie sich einen kleinen Umweg. Ihr Freund, der ihr auf demselben Wege mit dem Moped vorausfährt, erreicht mit einer Durchschnittsgeschwindigkeit von 45 km/h sein Ziel in genau 16 Minuten. Wie lange braucht Christina, wenn sie mit einer Durchschnittsgeschwindigkeit von 24 km/h fährt?

| | | |
|---|---|---|
| Wir wollen wissen: | Bei 24 km/h braucht man | x min |
| Wir wissen: | Bei 45 km/h braucht man | 16 min |
| Schluss auf die Einheit: | Bei 1 km/h braucht man | 45 · 16 min = 720 min |
| Schluss auf das 24fache der Einheit: | Bei 24 km/h braucht man | 720 min : 24 = 30 min |

Ergebnis: Christina braucht für den Weg zum Nachbardorf 30 Minuten.

Oft ist es zweckmäßig, die Multiplikationsaufgabe beim „Schluss auf die Einheit“ gar nicht erst auszurechnen. Wenn man dann nämlich dieses unausgerechnete Produkt beim „Schluss auf das 24fache der Einheit“ durch 24 teilen muss:

$$(45 \cdot 16) : 24,$$

dann kann man diese Aufgabe auch als Bruch schreiben und dann kürzen:

$$\frac{\overset{15}{\cancel{45}} \cdot \overset{2}{\cancel{16}}}{\underset{\underset{1}{\cancel{3}}}{\cancel{24}}} = 30.$$

Dadurch wird die eigentliche Rechenarbeit häufig vereinfacht.

Und weil wir in Zukunft häufig so verfahren werden, wollen wir dazu noch ein Beispiel rechnen.

Diesmal beschäftigen wir uns mit Christinas Freund, der die Strecke zum Nachbardorf bei einer Durchschnittsgeschwindigkeit von 45 km/h in genau 16 Minuten zurückgelegt hat. Für die Rückfahrt am Abend braucht er für dieselbe Strecke nur 15 Minuten. Mit welcher Durchschnittsgeschwindigkeit hat er die Heimfahrt zurückgelegt?

| | | |
|---|---|---|
| Wir wollen wissen: | 15 min braucht man bei | x km/h |
| Wir wissen: | 16 min braucht man bei | 45 km/h |
| Schluss auf die Einheit: | 1 min braucht man bei | $16 \cdot 45$ km/h |
| Schluss auf das 15fache der Einheit: | 15 min braucht man bei | $\frac{16 \cdot \overset{3}{\cancel{45}}}{\underset{1}{\cancel{15}}}$ km/h = 48 km/h |

Ergebnis: Christinas Freund legte die Heimfahrt mit einer Durchschnittsgeschwindigkeit von 48 km/h zurück.

Berechne ebenso die folgenden Aufgaben.

*Achte dabei besonders darauf,*

*dass das „x" in der 1. Zeile stets auf der* ***rechten Seite*** *steht und dass die untereinander stehenden Größen jeweils die* ***gleiche Einheit*** *haben.*

*Achte weiterhin darauf,*

*dass beim* ***Schluss auf die Einheit multipliziert*** *und beim* ***Schluss auf das Vielfache der Einheit dividiert*** *wird.*

Wenn du das beachtest, dann kann eigentlich gar nichts schief gehen.

**20** Bei einer Durchschnittsgeschwindigkeit von 960 km/h braucht ein Jumbojet für die Strecke von London nach New York eine Flugzeit von 6 Stunden 45 Minuten.

**a)** Wie lange braucht ein Privatjet, der mit einer Durchschnittsgeschwindigkeit von 540 km/h fliegt, für dieselbe Strecke?

**b)** Die überschallschnelle Concorde braucht für die Strecke von London nach New York nur 3 Stunden 12 Minuten. Mit welcher Durchschnittsgeschwindigkeit fliegt sie?

(Rechne in der Einheit „Minute"!)

**21** Im vergangenen Jahr hat Familie Rasch ihren langjährigen Urlaubsort „Costa di recreazi" noch mit dem alten, inzwischen verkauften Wagen angesteuert. Bei einer Durchschnittsgeschwindigkeit von 63 km/h brauchten sie für die Anreise genau 15 Stunden.

**a)** Mit dem neuen Wagen erreichte Familie Rasch in diesem Jahr auf dem Wege nach „Costa di recreazi" eine Durchschnittsgeschwindigkeit von 70 km/h. Wie lange dauerte die Anreise?
**b)** Die Heimreise schaffte Herr Rasch in einer rasanten Nachtfahrt innerhalb von 12,5 Stunden. Mit welcher Durchschnittsgeschwindigkeit erfolgte die Heimreise?

**22** Wenn Benjamin seine Märchenschallplatte so, wie es sich gehört, nämlich mit 33 Umdrehungen pro Minute ablaufen lässt, dann dauert das Märchen vom Rumpelstilzchen genau 9 Minuten. Wie lange dauert das Märchen, wenn Benjamin dieselbe Platte irrtümlich (oder vielleicht doch mit Absicht, weil der Märchenerzähler dann eine so schöne Fistelstimme hat) mit 45 Umdrehungen pro Minute ablaufen lässt?

**23** Ein Auto legt eine bestimmte Strecke bei einer Durchschnittsgeschwindigkeit von 60 km/h in genau 8 Stunden zurück.

**a)** Wie lange braucht es für dieselbe Strecke bei einer Durchschnittsgeschwindigkeit von 75 km/h?
**b)** Mit welcher Durchschnittsgeschwindigkeit muss es fahren, damit es dieselbe Strecke in 6 Stunden zurücklegt?

**24** Ein Ausflugsdampfer fährt mit einer Eigengeschwindigkeit von 8 km/h auf einem Fluss, der eine Strömungsgeschwindigkeit von 2 km/h hat, genau 7 Stunden lang flussaufwärts, also gegen den Strom. Wie lange dauert unter den gleichen Bedingungen die Rückfahrt zum Ausgangsort?

Bei den bisherigen Beispielen und Aufgaben zum Dreisatz bei umgekehrt proportionaler Zuordnung ging es stets um das Größenpaar „Geschwindigkeit“ und „Zeit“.
Die Beschränkung auf dieses Größenpaar sollte dir den Einstieg in den Dreisatz bei umgekehrt proportionaler Zuordnung erleichtern.
Wenn wir uns jetzt auch anderen Größenpaaren zuwenden, dann müssen wir bei jeder einzelnen Aufgabe zuallererst die Frage klären, ob zwischen den auftretenden Größen eine umgekehrt proportionale Zuordnung besteht. Und nur wenn wir diese Frage bejaht haben, dürfen wir mit der eigentlichen Dreisatzrechnung beginnen. Anderenfalls ist eine Bearbeitung der Aufgabe nach den Regeln des Dreisatzes bei umgekehrt proportionaler Zuordnung nicht möglich.

**Beispiele**

„Wie lang bleibst du denn weg?“, will Frau Landau von ihrem Sohn Christian wissen, der sich gerade zu einer Urlaubsfahrt mit Rucksack und Zelt rüstet. „Das kommt ganz darauf an, wie lange mein Geld reicht!“, erwidert Christian. „Wenn ich, wie geplant, mit durchschnittlich 9 € pro Tag auskomme, dann kann ich 28 Tage bleiben.“ Während des Urlaubs stellt sich jedoch heraus, dass Christians Planung etwas sehr optimistisch war. Nicht 9 €, sondern durchschnittlich 12 € muss er pro Tag für seinen Lebensunterhalt ausgeben. Für wie viele Tage reicht unter diesen Bedingungen sein Urlaubsgeld?

**Voruntersuchung:** Zwischen der durchschnittlichen täglichen Geldausgabe und der Anzahl der Urlaubstage besteht eine umgekehrt proportionale Zuordnung, denn wenn man täglich doppelt (dreimal, viermal … n-mal) so viel Geld ausgibt, dann reicht das Geld nur für die Hälfte (den 3. Teil, den 4. Teil … den n. Teil) der Zeit.

**Dreisatz:**

| | |
|---|---|
| Wir wollen wissen: | Bei 12 € täglich reicht das Geld für x Tage |
| Wir wissen: | Bei 9 € täglich reicht das Geld für 28 Tage |
| Schluss auf die Einheit: | Bei 1 € täglich reicht das Geld für $9 \cdot 28$ Tage = 252 Tage |
| Schluss auf das 12fache der Einheit: | Bei 12 € täglich reicht das Geld für 252 Tage : 12 = 21 Tage |

Ergebnis: Wenn er täglich im Durchschnitt 12 € ausgibt, reicht Christians Geld für 21 Urlaubstage.

Um seine Akkus für Funkgerät, Filmkamera, Kreiselkompass, Positionslaternen und dergleichen unterwegs aufladen und abends in der Kajüte bei elektrischem Licht seine Tagebucheintragungen machen zu können, hat der Einhandsegler Henri Poincaré für seine einsame Weltreise ein Stromaggregat mit an Bord genommen. Der Vorrat an dem dafür erforderlichen Dieseltreibstoff ist so bemessen, dass er bei einer täglichen Betriebsdauer von durchschnittlich $2\frac{1}{2}$ Stunden für 270 Tage reicht. Während der Fahrt stellt sich heraus, dass das Stromaggregat im Durchschnitt täglich 3 Stunden in Betrieb ist. Für wie viele Tage reicht der Treibstoffvorrat in diesem Fall?

**Voruntersuchung:** Zwischen der durchschnittlichen täglichen Betriebsdauer und der Anzahl der Tage, für die der Treibstoffvorrat reicht, besteht eine umgekehrt proportionale Zuordnung, denn bei einer doppelt (dreimal, viermal … n-mal) so langen täglichen Betriebsdauer reicht der Vorrat nur für die Hälfte (den 3. Teil, den 4. Teil … den n. Teil) der Zeit.

**Dreisatz:**

| | |
|---|---|
| Wir wollen wissen: | Bei 3 Std. täglich reicht der Vorrat x Tage |
| Wir wissen: | Bei $2\frac{1}{2}$ Std. täglich reicht der Vorrat 270 Tage |
| Schluss auf die Einheit: | Bei 1 Std. täglich reicht der Vorrat $2\frac{1}{2} \cdot 270$ Tage = 675 Tage |
| Schluss auf das 3fache der Einheit: | Bei 3 Std. täglich reicht der Vorrat 675 Tage : 3 = 225 Tage |

Ergebnis: Bei einer durchschnittlichen Betriebsdauer von 3 Stunden täglich reicht der Brennstoffvorrat 225 Tage.

3 Stunden täglich hat ein Schauspieler damit zugebracht, den Text seiner neuen Rolle auswendig zu lernen. Endlich nach 28 Tagen beherrscht er ihn, ohne zu stocken. Nach wie vielen Tagen hätte er den Text bereits beherrscht, wenn er täglich 5 Stunden gelernt hätte?

**Voruntersuchung:** Eine geistige Tätigkeit, also auch das Auswendiglernen eines Textes, lässt sich mathematisch nicht erfassen, kann also auch nicht mit den Regeln des Dreisatzes berechnet werden.

Nach diesen Beispielen wird es dir sicher keine Schwierigkeiten bereiten, die nun folgenden Aufgaben selbstständig zu lösen.

Drei Punkte musst du dabei stets beachten:

1. *Mache dir bei jeder Aufgabe zuallererst klar, ob zwischen den auftretenden Größen tatsächlich eine* ***umgekehrt proportionale Zuordnung*** *besteht.*
2. *Achte darauf, dass das „x" stets in der 1. Zeile (also in der „Wir-wollen-wissen-Zeile") auf der* ***rechten Seite*** *steht.*
3. *Achte darauf, dass die* ***untereinander stehenden*** *Größen jeweils die* ***gleiche Einheit*** *haben.*

**25** Die großen Hinterräder eines schweren Traktors haben einen Umfang von 5,20 m, die kleinen Vorderräder einen solchen von 1,80 m. Auf einer bestimmten Wegstrecke dreht sich jedes Hinterrad genau 1458-mal. Wie oft dreht sich auf derselben Wegstrecke jedes der Vorderräder?

**26** Der vermögende Herr Mickey Mousesmaker ist weib- und kinderlos gestorben. Auch seine Geschwister sind ihm schon im Tode vorausgegangen. Erbberechtigt zu gleichen Teilen sind somit allein seine Nichten und Neffen. Zunächst hatten nur 5 Nichten und 3 Neffen ihren Erbanspruch angemeldet. Jeder von ihnen hätte mit 121 500 Euro rechnen können. Leider stellt sich jedoch kurz vor der Verteilung des Erbes noch ein weiterer erbberechtigter Neffe ein, den alle für längst verschollen oder verstorben gehalten haben. Wie viel Euro bekommt unter diesen neuen Umständen jeder Erbberechtigte zugeteilt?

**27** Mit dem Einsatz von 32 Feuerwehrmännern wurde ein Großbrand innerhalb von 6 Stunden gelöscht.

**a)** Wie lange hätte das Löschen gedauert, wenn 48 Feuerwehrmänner zum Einsatz gekommen wären?
**b)** Wie viele Feuerwehrmänner hätte man gebraucht, um den Großbrand bereits nach 5 Stunden zu löschen?

**28** Papier ist knapp und teuer. Und deshalb hat der Verleger beschlossen, den neuesten umfangreichen Roman des Bestsellerautors Kurt Mahler etwas enger zu drucken. Statt wie üblich 24 Zeilen sollen im Zuge der Papiereinsparung 26 Zeilen auf jede Buchseite gesetzt werden. Bei 24 Zeilen pro Buchseite hätte sich ein Umfang von 624 Seiten ergeben.

**a)** Wie viel Seiten ergeben sich, wenn unter sonst gleichen Bedingungen 26 Zeilen pro Seite gedruckt werden?
**b)** Wie viele Zeilen müsste man auf eine Seite setzen, wenn das Buch unter sonst gleichen Bedingungen nur 468 Seiten haben sollte?

**29** Anlässlich der Faschingsparty soll die Klassenkasse geplündert werden. Ihr Inhalt würde gerade ausreichen, um 44 Flaschen „Mini-power-drink“ zum Preis von je 0,45 € einzukaufen. Man will aber nun doch lieber „Maxi-power-drink“ zum Preis von 0,55 € pro Flasche kaufen. Für wie viele Flaschen „Maxi-power-drink“ reicht der Inhalt der Klassenkasse?

**30** Jedes der 12 ordentlichen Mitglieder des Junggesellenklubs „Free men“ hat von dem zur Vatertagsparty bereitgestellten Fässchen Bier genau 2,8 Liter abbekommen. Wie viel Liter Bier hätte jeder bekommen, wenn den beiden mittlerweile wegen Heirat ausgeschiedenen ehemaligen Mitgliedern von ihren Frauen die Teilnahme an der Vatertagsparty gestattet worden wäre?

**31** Der Trinkwasservorrat eines Frachtschiffes reicht für eine 18-köpfige Besatzung 55 Tage.

**a)** Außer der Besatzung werden noch 4 Passagiere mit an Bord genommen. Für wie viele Tage reicht der Trinkwasservorrat?

**b)** Wie viele Personen dürfen höchstens an Bord sein, wenn der Trinkwasservorrat für 90 Tage ausreichen soll?

(Es wird angenommen, dass der Trinkwasserverbrauch pro Mann und Tag stets gleich groß ist.)

## 5. Zusammenfassung

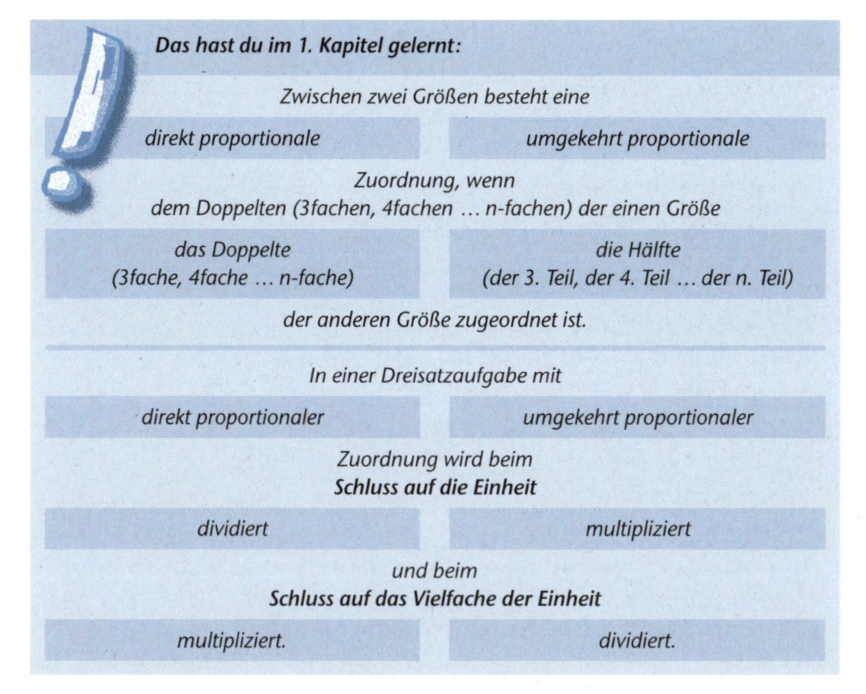

***Das hast du im 1. Kapitel gelernt:***

*Zwischen zwei Größen besteht eine*

| *direkt proportionale* | *umgekehrt proportionale* |
| --- | --- |

*Zuordnung, wenn*
*dem Doppelten (3fachen, 4fachen … n-fachen) der einen Größe*

| *das Doppelte (3fache, 4fache … n-fache)* | *die Hälfte (der 3. Teil, der 4. Teil … der n. Teil)* |
| --- | --- |

*der anderen Größe zugeordnet ist.*

*In einer Dreisatzaufgabe mit*

| *direkt proportionaler* | *umgekehrt proportionaler* |
| --- | --- |

*Zuordnung wird beim*
***Schluss auf die Einheit***

| *dividiert* | *multipliziert* |
| --- | --- |

*und beim*
***Schluss auf das Vielfache der Einheit***

| *multipliziert.* | *dividiert.* |
| --- | --- |

## 6. Vermischte Übungen

Und nun gehts rund!
Die folgenden Aufgaben sind nicht mehr, wie bisher, fein säuberlich getrennt in solche, bei denen eine direkte Proportionalität, und in solche, bei denen eine umgekehrte Proportionalität vorliegt. Nein, jetzt gehts bunt durcheinander.
Bei jeder Aufgabe musst du also zuallererst einmal untersuchen, ob zwischen den auftretenden Größen eine **direkt** proportionale Zuordnung oder eine **umgekehrt** proportionale Zuordnung besteht. Dann erst kannst du dich an den Dreisatz heranmachen.

Und nicht vergessen: Wenn weder eine direkt proportionale noch eine umgekehrt proportionale Zuordnung vorliegt, dann hat sich die Sache für dich erledigt. Eine solche Aufgabe ist mit den Methoden des Dreisatzes nicht zu lösen.

**32** Herr Schmitz ist Manager in einem internationalen Unternehmen, das seinen Beschäftigten in Berlin das Gehalt in Euro, ihren Londoner Kollegen in britischen Pfund auszahlt. Im Januar hat er eine Gehaltsüberweisung von 3597 € erhalten. Sein Kollege in London möchte von Herrn Schmitz nun wissen, wie viel dieser in Pfund umgerechnet verdient. Beide entnehmen dem Wirtschaftsteil der Zeitung, dass der Kurs des Euro so festgesetzt ist, dass gilt: 1 € = 0,67930 £.

**a)** Wie hoch ist das Gehalt von Herrn Schmitz in britischen Pfund?

**b)** Der Londoner Kollege von Herrn Schmitz verdient 2314 £. Wie viel ist das in Euro?

**33** Als freier Schriftsteller kann Herr Hilbert den Mietanteil für sein häusliches Arbeitszimmer von der Steuer absetzen. Die Miete einer Wohnung wird nach dem Flächeninhalt berechnet. Die gesamte Wohnung von Familie Hilbert hat einen Flächeninhalt von 118,8 $m^2$, Herrn Hilberts Arbeitszimmer ist 16,5 $m^2$ groß. Die monatliche Wohnungsmiete beträgt 693 €. Wie viel € macht der Mietanteil für Herrn Hilberts Arbeitszimmer aus?

**34** Der Trinkwasservorrat einer Segeljacht ist so bemessen, dass er für 15 Personen 42 Tage ausreicht.

**a)** Wie lange reicht dieser Vorrat, wenn nur 9 Personen an Bord sind?

**b)** Wie viele Personen dürfen höchstens an Bord sein, wenn der Vorrat 56 Tage ausreichen soll?

**c)** Die Jacht sticht mit 15 Personen in See. Nach 30 Tagen werden bei einer Zwischenstation weitere 5 Personen an Bord genommen. Wie viel Tage insgesamt reicht unter diesen Umständen der Trinkwasservorrat?

(Es wird angenommen, dass jede Person an jedem Tag gleich viel Trinkwasser verbraucht.)

**35** Der Brenner einer Ölheizungsanlage ist nicht ständig in Betrieb. Er schaltet sich selbstständig ein, wenn die Temperatur des durch die Heizkörper strömenden Warmwassers zu niedrig ist. Sobald das

Wasser die vorgeschriebene Temperatur erreicht hat, schaltet er sich automatisch wieder ab. Um feststellen zu können, wie lange der Ölbrenner während eines bestimmten Zeitraumes in Betrieb war, kann man sich einen so genannten Betriebsstundenzähler einbauen lassen. Der Betriebsstundenzähler registrierte in der vorjährigen Heizperiode insgesamt 1725 Brennstunden. In diesem Zeitraum betrug der Ölverbrauch 7590 Liter.

**a)** Wie viel Liter Öl wurden in der diesjährigen Heizperiode verbraucht, wenn der Betriebsstundenzähler 1650 Stunden registriert hat?
**b)** Es sind noch 1540 Liter Heizöl im Tank. Für wie viele Betriebsstunden reicht dieser Vorrat noch?

**36** 3,5 Liter Heizöl verbrauchte ein Ölbrenner ursprünglich pro Betriebsstunde. Dabei reichte eine Tankfüllung für insgesamt 1200 Betriebsstunden. Weil die Heizleistung nicht ausreichte, wurde in den Brenner eine größere Düse eingesetzt. Dadurch erhöhte sich der Ölverbrauch auf 4,4 Liter pro Betriebsstunde. Für wie viele Betriebsstunden reicht unter diesen neuen Umständen eine Tankfüllung?

**37** Ein Flugzeug steigt vom Moment des Abhebens bis zum Erreichen der Reiseflughöhe in jeder Sekunde um die gleiche Anzahl von Metern nach oben. Nach 12,5 Minuten hat es auf diese Weise eine Höhe von 4200 m über dem Startpunkt erreicht.

**a)** In welcher Höhe befindet es sich 17,5 Minuten nach dem Abheben?
**b)** Wann hat das Flugzeug seine Reiseflughöhe von 7000 m erreicht?

**38** Bei einer durchschnittlichen Steiggeschwindigkeit von 4,2 m in der Sekunde erreicht ein Flugzeug seine Reiseflughöhe genau 25 Minuten nach dem Abheben.

**a)** Weil die Maschine diesmal bis auf den letzten Platz besetzt ist, tut sie sich mit dem Steigen etwas schwer. Sie erreicht nur eine durchschnittliche Steiggeschwindigkeit von 3,6 m in der Sekunde. Wie lange dauert es unter diesen Umständen, bis die Reiseflughöhe erreicht wird?

b) Ein andermal ist die Maschine fast leer und erreicht bereits 23 Minuten 20 Sekunden nach dem Abheben ihre Reiseflughöhe. Wie groß ist in diesem Fall die durchschnittliche Steiggeschwindigkeit?

**39** Mit 5 Pedalumdrehungen hat Jana auf ihrem Rennrad vom Start weg genau 37,5 m zurückgelegt.

a) Wie weit ist sie nach 18 Pedalumdrehungen gekommen?
b) Wie viele Pedalumdrehungen muss sie machen, um einen 300 m langen Rundkurs fünfmal zu durchfahren?

(Vom möglichen „Freilauf" wird abgesehen!)

**40** Woche für Woche hat eine 5-köpfige Tippgemeinschaft einen gemeinsamen Lottoschein ausgefüllt. Woche für Woche die gleiche Enttäuschung! Der erhoffte Gewinn will und will sich nicht einstellen. Enttäuscht verlassen zwei Mitglieder die Tippgemeinschaft. Wies der Zufall so will, fällt am darauf folgenden Wochenende der Hauptgewinn auf die 3 verbliebenen Spieler. 225 365 € bekommt jeder von ihnen. Wie viel Euro hätte jeder Spieler bekommen, wenn

a) kein Mitspieler,
b) nur ein Mitspieler abgesprungen wäre?

**41** Mischa trainiert eisern auf seinem neuen Rennrad. Vor Beginn des systematischen Trainings schaffte er mit Mühe und Not 80 Pedalumdrehungen in der Minute und erreichte damit eine Geschwindigkeit von 27 km/h.

**a)** Im Laufe des Trainings konnte sich Mischa auf 100 Pedalumdrehungen pro Minute steigern. Welche Geschwindigkeit erreichte er damit?

**b)** Eine Geschwindigkeit von 21,6 km/h erreichte Mischas jüngerer Bruder Max auf Anhieb. Wie viele Pedalumdrehungen pro Minute schaffte dieses erstaunliche Nachwuchstalent?

**42** Vier Tage lang hat Frau Kowalewski ihre Hungerkur tapfer durchgehalten. Am 5. Tag kapituliert sie jedoch vor einer Tafel Schokolade. Danach ist sie zwar satt, aber auch tief beschämt. Jäh kommt ihr zum Bewusstsein, dass sie sich mit dieser Tafel Schokolade nicht nur eine moralische Niederlage bereitet hat, sondern dass ihrem Körper damit 550 völlig überflüssige Kalorien zugeführt wurden. Reuevoll beschließt sie, diese Kalorien auf ihrem Fahrrad wieder abzustrampeln. Ihrer Kalorientabelle entnimmt sie, dass der menschliche Körper bei einer einstündigen Fahrradfahrt mit mittlerer Geschwindigkeit 165 Kalorien verbraucht. Wie lange muss Frau Kowalewski Rad fahren, um die 550 Kalorien wieder loszuwerden?

## Kapitel 2

# Prozentrechnung

## 1. Grundsätzliches

Das Zeichen „%“ bedeutet „Prozent“.
„Prozent“ heißt auf Deutsch „vom Hundert“ oder „Hundertstel“.

5% ist somit nur eine andere Schreibweise für den Bruch $\frac{5}{100}$.

Ebenso gilt:

18% ist gleichbedeutend mit dem Bruch $\frac{18}{100}$

97% ist gleichbedeutend mit dem Bruch $\frac{97}{100}$

12,5% ist gleichbedeutend mit dem Bruch $\frac{12{,}5}{100}$

$3\frac{3}{4}$% ist gleichbedeutend mit dem Bruch $\frac{3\frac{3}{4}}{100}$

128% ist gleichbedeutend mit dem Bruch $\frac{128}{100}$

Allgemein:

*p% ist eine andere Schreibweise für den Bruch $\frac{p}{100}$*
*bzw.*
*p% ist gleichbedeutend mit dem Bruch $\frac{p}{100}$.*

Wenn also 1% gleichbedeutend mit dem Bruch $\frac{1}{100}$ ist, dann ist auch die Aufgabe

„Berechne 1% von 1800 €“

gleichbedeutend mit der Aufgabe

„Berechne $\frac{1}{100}$ von 1800 €“.

Wenn du somit 1% von 1800 € berechnen sollst, dann musst du den 100. Teil von 1800 € berechnen, also 1800 € durch 100 teilen:

1% von 1800 € = 1800 € : 100 = 18 €

Wenn nun aber 1% $\left(=\frac{1}{100}\right)$ von 1800 € = 18 €, dann sind 2% $\left(=\frac{2}{100}\right)$ von 1800 € zweimal so viel wie 18 €:

2% von 1800 € = 2 · 18 € = 36 €

Entsprechend gilt:

| | | | | | |
|---|---|---|---|---|---|
| 3% | von | 1800 € | = | 3 · 18 € = | 54 € |
| 5% | von | 1800 € | = | 5 · 18 € = | 90 € |
| 12% | von | 1800 € | = | 12 · 18 € = | 216 € |
| 17,5% | von | 1800 € | = | 17,5 · 18 € = | 315 € |
| 100% | von | 1800 € | = | 100 · 18 € = | 1800 € |
| 125% | von | 1800 € | = | 125 · 18 € = | 2250 € |

Die Zahl mit dem Prozentzeichen (%) gibt an, wie viel Hundertstel berechnet werden sollen. Sie heißt **Prozentsatz.** (Abkürzung: p%)

Die Größe, von welcher der durch den Prozentsatz angegebene Bruchteil berechnet werden soll, heißt **Grundwert.** (Abkürzung: g)

Der zu berechnende Bruchteil des gegebenen Grundwertes heißt **Prozentwert.** (Abkürzung: w)

Bei **gleich bleibendem** Grundwert g entspricht also

dem Doppelten (3fachen, 4fachen ... n-fachen) des **Prozentsatzes** p
das Doppelte (3fache, 4fache ... n-fache) des **Prozentwertes** w.

Man sagt:

> Zwischen dem Prozentsatz p und dem Prozentwert w besteht eine **direkt proportionale Zuordnung.**

Oder:

> Der Prozentsatz p ist dem Prozentwert w **direkt proportional.**

Im 1. Abschnitt dieses Bandes haben wir gelernt, wie man direkt proportionale Größen mithilfe des **Dreisatzes** berechnen kann. Dieses **Verfahren des Dreisatzes** können wir nun auch auf die Prozentrechnung übertragen.

Zuvor müssen wir uns aber noch Folgendes klarmachen:

100% von 375 € $= \frac{100}{100}$ von 375 €
$= (375\text{ €} : 100) \cdot 100 = 3{,}75\text{ €} \cdot 100 =$ 375 €

100% von 988 kg $= \frac{100}{100}$ von 988 kg
$= (988\text{ kg} : 100) \cdot 100 = 9{,}88\text{ kg} \cdot 100 =$ 988 kg

100% von 4,78 km $= \frac{100}{100}$ von 4,78 km
$= (4{,}78\text{ km} : 100) \cdot 100 = 0{,}0478\text{ km} \cdot 100 =$ 4,78 km

allgemein:

100% von g $= \frac{100}{100}$ von g
$= (g : 100) \cdot 100 = \frac{g}{100} \cdot 100 = \frac{g \cdot 100}{100} = g$

Das heißt:

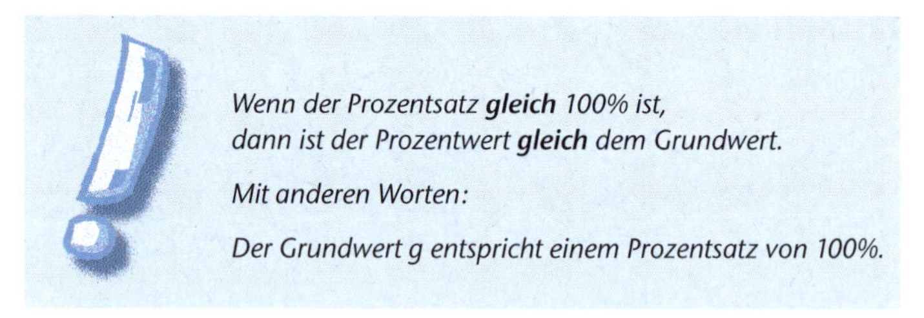

*Wenn der Prozentsatz **gleich** 100% ist,*
*dann ist der Prozentwert **gleich** dem Grundwert.*

*Mit anderen Worten:*

*Der Grundwert g entspricht einem Prozentsatz von 100%.*

## 2. Berechnung des Prozentwertes

Die Aufgabe

„Berechne 12% von 3785 €“

können wir mithilfe des Dreisatzes bei direktem Verhältnis folgendermaßen lösen:

| | | | |
|---|---|---|---|
| Wir wollen wissen: | 12% sind | x € | |
| Wir wissen: | 100% sind | 3785 € | |
| Schluss auf die Einheit: | 1% sind | 3785 € : 100 = | 37,85 € |
| Schluss auf das 12fache der Einheit: | 12% sind | 12 · 37,85 € | = 454,20 € |

Ergebnis: 12% von 3785 € sind 454,20 €.

**Beispiele**

Wie viel sind 17,5% von 13 728 €?

| | | |
|---|---|---|
| Wir wollen wissen: | 17,5% sind | x € |
| Wir wissen: | 100% sind | 13 728 € |

| | | | |
|---|---|---|---|
| Schluss auf die Einheit: | 1% sind | 13 728 € : 100 = | 137,28 € |
| Schluss auf das 17,5fache der Einheit: | 17,5% sind | 17,5 · 137,28 € = | 2402,40 € |

Ergebnis: 17,5% von 13 728 € sind 2402,40 €.

Berechne $6\frac{2}{3}$% von 235,50 €.

| | | |
|---|---|---|
| Wir wollen wissen: | $6\frac{2}{3}$% sind | x € |
| Wir wissen: | 100% sind | 235,50 € |
| Schluss auf die Einheit: | 1% sind | 235,50 € : 100 = 2,355 € |
| Schluss auf das $6\frac{2}{3}$fache der Einheit: | $6\frac{2}{3}$% sind | $6\frac{2}{3} \cdot 2{,}355$ € $= \frac{20 \cdot 2355}{3 \cdot 1000}$ € = 15,70 € |

Ergebnis: $6\frac{2}{3}$% von 235,50 € sind 15,70 €.

Berechne 133% von 23 580 €.

| | | |
|---|---|---|
| Wir wollen wissen: | 133% sind | x € |
| Wir wissen: | 100% sind | 23 580 € |
| Schluss auf die Einheit: | 1% sind | 235,80 € |
| Schluss auf das 133fache der Einheit: | 133% sind | 133 · 235,80 € = 31 361,40 € |

Ergebnis: 133% von 23 580 € sind 31 361,40 €.

Merke:

*Wenn der Prozentsatz **größer** ist als 100%,*
*dann ist der Prozentwert **größer** als der Grundwert.*

**1** Berechne ebenso:

**a)** 12% von 485 €;
**b)** 28% von 3744 kg;
**c)** 47% von 128 km;
**d)** 83% von 4325 €;
**e)** 53% von 7388 kg;
**f)** 14,5% von 3780 €;
**g)** 7,2% von 425 km;
**h)** 11,4% von 715 kg;
**i)** 123% von 4787 €;
**k)** 218% von 734 €;
**l)** 114% von 3333 €;
**m)** 0,8% von 4725 kg.

Es gibt ein paar häufig vorkommende Prozentsätze, bei denen man den zugehörigen Prozentwert praktisch im Kopf berechnen kann.

**Beispiele**

Berechne 25% von 332 €.

| | | |
|---|---|---|
| Wir wollen wissen: | 25% sind | x € |
| Wir wissen: | 100% sind | 332 € |
| Schluss auf die Einheit: | 1% sind | $\frac{332}{100}$ € |
| Schluss auf das 25fache der Einheit: | 25% sind | $\frac{\overset{1}{\cancel{25}} \cdot 332}{\underset{4}{\cancel{100}}}$ € = 332 € : 4 = 83 € |

**Beachte:** Beim „Schluss auf die Einheit“ haben wir die Divisionsaufgabe 332 : 100 unausgerechnet gelassen und in Form eines Bruches geschrieben. Das dürfen wir, denn es gilt:

$$332\ € : 100 = \frac{332}{100}\ €.$$

Beim „Schluss auf das 25fache der Einheit“ ergibt sich dann das Produkt:

$$25 \cdot \frac{332}{100}\ € = \frac{25 \cdot 332}{100}\ €.$$

Durch Kürzen gelangt man zu:

$$\frac{\overset{1}{\cancel{25}} \cdot 332}{\underset{4}{\cancel{100}}}\ € = \frac{332}{4}\ €.$$

Und dafür lässt sich schreiben:

$$\frac{332}{4}\ € = 332\ € : 4 = 83\ €.$$

Das ist der Grundwert. (332 €)

Das ist der Prozentwert. (83 €)

Aus dieser Überlegung folgt:

> 25% vom Grundwert erhält man, wenn man den Grundwert durch 4 teilt.

Berechne 10% von 375 km.

| | | |
|---|---|---|
| Wir wollen wissen: | 10% sind | x km |
| Wir wissen: | 100% sind | 375 km |
| Schluss auf die Einheit: | 1% sind | $\frac{375}{100}$ km |
| Schluss auf das 10fache der Einheit: | 10% sind | $\frac{\overset{1}{\cancel{10}} \cdot 375}{\underset{10}{\cancel{100}}}$ km = 375 km : 10 = 37,5 km |

**Folgerung:**

> 10% vom Grundwert erhält man, wenn man den Grundwert durch 10 teilt.

Berechne 20% von 455 €.

| | | |
|---|---|---|
| Wir wollen wissen: | 20% sind | x € |
| Wir wissen: | 100% sind | 455 € |
| Schluss auf die Einheit: | 1% sind | $\frac{455}{100}$ € |
| Schluss auf das 20fache der Einheit: | 20% sind | $\frac{\overset{1}{\cancel{20}} \cdot 455}{\underset{5}{\cancel{100}}}$ € = 455 € : 5 = 91 € |

**Folgerung:**

> 20% vom Grundwert erhält man, wenn man den Grundwert durch 5 teilt.

Berechne $33\frac{1}{3}\%$ von 528 €.

| | | |
|---|---|---|
| Wir wollen wissen: | $33\frac{1}{3}\%$ sind | x € |
| Wir wissen: | 100% sind | 528 € |
| Schluss auf die Einheit: | 1% sind | $\frac{528}{100}$ € |
| Schluss auf das $33\frac{1}{3}$fache der Einheit: | $33\frac{1}{3}\%$ sind | $\frac{\overset{1}{\cancel{33}}\frac{1}{3}\cdot 528}{\underset{3}{\cancel{100}}}$ € = 528 € : 3 = 176 € |

**Folgerung:**

> $33\frac{1}{3}\%$ vom Grundwert erhält man,
> wenn man den Grundwert durch 3 teilt.

Präge dir Folgendes ein!
Du kannst dir die Arbeit damit oft erheblich erleichtern!

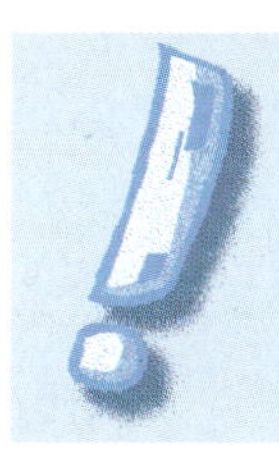

*10% erhält man, wenn man den Grundwert durch 10 teilt.*
*20% erhält man, wenn man den Grundwert durch 5 teilt.*
*25% erhält man, wenn man den Grundwert durch 4 teilt.*
*$33\frac{1}{3}\%$ erhält man, wenn man den Grundwert durch 3 teilt.*
*50% erhält man, wenn man den Grundwert durch 2 teilt.*

**2** Berechne auf möglichst einfachem Wege:

**a)** 10% von 434 €;
**b)** $33\frac{1}{3}\%$ von 27 m;
**c)** 20% von 875 kg;
**d)** 50% von 2348 km;
**e)** 25% von 412 €;
**f)** $33\frac{1}{3}\%$ von 3786 €;
**g)** 20% von 4387 kg;
**h)** 25% von 125 €;
**i)** 10% von 21,50 €;
**k)** 50% von 753,50 €;
**l)** $33\frac{1}{3}\%$ von 2403 €;
**m)** 10% von 8733 €.

Die Aufgabe „Vergrößere 258 € um 14%"

kannst du in zwei Schritten so lösen:

**1. Schritt:** „Berechne 14% von 258 €."

| | | |
|---|---|---|
| Wir wollen wissen: | 14% sind | x € |
| Wir wissen: | 100% sind | 258 € |
| Schluss auf die Einheit: | 1 % sind | 2,58 € |
| Schluss auf das 14fache der Einheit: | 14% sind | 14 · 2,58 € = 36,12 € |

Zwischenergebnis: 14% von 258 € sind 36,12 €.

**2. Schritt:** „Vergrößere 258 € um 36,12 €:"
258 € + 36,12 € = 294,12 €,

Endergebnis: 258 € vergrößert um 14% ergibt 294,12 €.

Einfacher und in nur einem Schritt kommst du zum Endergebnis mit der folgenden Überlegung:

Wenn du 258 € um 14% vergrößerst, dann erhältst du als Ergebnis 100% + 14% = 114% von 258 €.

| | |
|---|---|
| Die Aufgabe | „Vergrößere 258 € um 14%" |
| ist also gleichbedeutend mit der Aufgabe | „Vergrößere 258 € auf 114%" |
| Und diese Aufgabe ist wiederum gleichbedeutend mit der Aufgabe | „Berechne 114% von 258 €" |

Und diese Aufgabe bearbeiten wir in der gewohnten Weise mit einem Dreisatz:

| | | |
|---|---|---|
| Wir wollen wissen: | 114% sind | x € |
| Wir wissen: | 100% sind | 258 € |
| Schluss auf die Einheit: | 1% sind | 2,58 € |
| Schluss auf das 114fache der Einheit: | 114% sind | 114 · 2,58 € = 294,12 € |

Ergebnis: 258 € vergrößert um 14% ergibt 294,12 €.

Ganz entsprechend gehst du vor bei der folgenden Aufgabe:

„Verringere 588 € um 27%."

Wenn du 588 € um 27% verringerst, dann erhältst du als Ergebnis 100% – 27% = 73% von 588 €.

| | |
|---|---|
| Die Aufgabe | „Verringere 588 € um 27%" |
| ist also gleichbedeutend mit der Aufgabe | „Verringere 588 € auf 73%" |
| und diese Aufgabe ist wiederum gleichbedeutend mit der Aufgabe | „Berechne 73% von 588 €" |

Der zugehörige Dreisatz lautet:

| | | |
|---|---|---|
| Wir wollen wissen: | 73% sind | x € |
| Wir wissen: | 100% sind | 588 € |
| Schluss auf die Einheit: | 1% sind | 5,88 € |
| Schluss auf das 73fache der Einheit: | 73% sind | 73 · 5,88 € = 429,24 € |

Ergebnis: 588 € um 27% verringert ergeben 429,24 €.

In der folgenden Tabelle sind einige gleichbedeutende Aufgabenformulierungen einander gegenübergestellt:

| | | |
|---|---|---|
| Vergrößere 435 kg um 23% | Vergrößere 435 kg auf 123% | Berechne 123% von 435 kg |
| Vermehre 78 € um 33% | Vermehre 78 € auf 133% | Berechne 133% von 78 € |
| Vermindere 526 € um 14% | Vermindere 526 € auf 86% | Berechne 86% von 526 € |
| Verringere 875 kg um 8,5% | Verringere 875 kg auf 91,5% | Berechne 91,5% von 875 kg |

**3** Berechne ebenso:

**a)** Vergrößere 348 € um 21%;
**b)** Vermindere 775 kg um 18%;
**c)** Vermehre 1285 km um 45%;
**d)** Verringere 833 € um 14%;
**e)** Vergrößere 125 € auf 114%;
**f)** Vergrößere 125 € um 114%;
**g)** Vermindere 738 kg um 43%;
**h)** Vermindere 738 kg auf 43%;
**i)** Vergrößere 972 € auf 125%;
**k)** Vergrößere 222 € um $33\frac{1}{3}$%;
**l)** Verringere 72,80 € auf 65%;
**m)** Vergrößere 75 kg um 75%.

Bei allen Aufgaben dieses Abschnitts waren jeweils der **Prozentsatz** und der **Grundwert** gegeben. Gesucht wurde in jedem Fall der **Prozentwert.**
Jede einzelne dieser Aufgaben wurde nach dem gleichen Schema gelöst. Ein immer gleiches Lösungsschema lässt sich aber zu einer Formel entwickeln. Dazu verallgemeinern wir einmal die **spezielle** Aufgabe

„Berechne 3% von 375 €“,

indem wir

**1.** an die Stelle des **speziellen** Prozentsatzes von 3% das **allgemeine** Zeichen für den Prozentsatz, nämlich den Buchstaben p%, setzen und

**2.** an die Stelle des **speziellen** Grundwertes von 375 € das **allgemeine** Zeichen für den Grundwert, den Buchstaben g, setzen.

Damit erhalten wir die **allgemeine** Aufgabe:

„Berechne p% von g".

Diese beiden Aufgaben, die **spezielle** und die **allgemeine,** stellen wir nun in unserem Lösungsschema gegenüber.

Es ergibt sich:

| | spezielle Aufgabe | allgemeine Aufgabe |
|---|---|---|
| Wir wollen wissen: | 3% sind x € | p% sind x |
| Wir wissen: | 100% sind 375 € | 100% sind g |
| Schluss auf die Einheit: | 1% sind 375 € : 100 | 1% sind g : 100 |
| Schluss auf das gesuchte Vielfache der Einheit: | 3% sind (375 € : 100) · 3 | p% sind (g : 100) · p |
| Ergebnis: Für den gesuchten Prozentwert w gilt: | w = (375 € : 100) · 3 = 11,25 € | w = (g : 100) · p |

Und damit haben wir folgende **Formel** zur leichten und schnellen Berechnung des Prozentwertes erhalten.

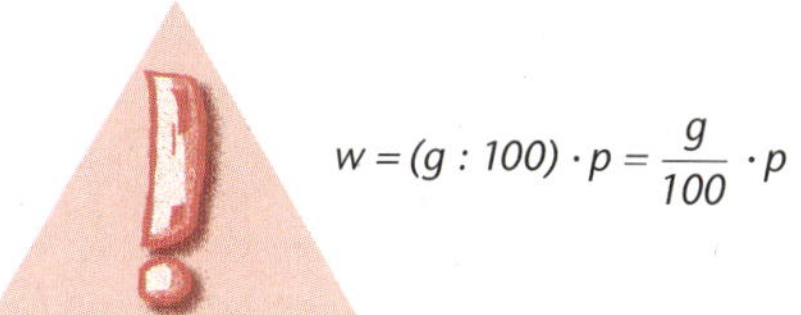

$$w = (g : 100) \cdot p = \frac{g}{100} \cdot p$$

> In Worten: Den Prozentwert erhält man, wenn man den 100. Teil des Grundwertes mit dem Prozentsatz multipliziert.

**Beispiele** für die Anwendung dieser Formel.

Berechnet werden sollen 18% von 2244 km.

Gegeben: Prozentsatz p% = 18%
Grundwert g = 2244 km

Gesucht: Prozentwert w

Lösung: Wir setzen die gegebenen Werte in die Formel
$w = (g : 100) \cdot p$ ein und erhalten:

$w = (2244 \text{ km} : 100) \cdot 18$
$w = 22{,}44 \text{ km} \cdot 18$
$w = 403{,}92 \text{ km}$

Ergebnis: 18% von 2244 km sind 403,92 km.

Wie viel sind 4,9% von 35 000 €?

Gegeben: Prozentsatz p% = 4,9%
Grundwert g = 35 000 €

Gesucht: Prozentwert w

Lösung: Einsetzen der gegebenen Werte in die Formel
$w = (g : 100) \cdot p$ ergibt:

$w = (35\,000 \text{ €} : 100) \cdot 4{,}9$
$w = 350 \text{ €} \cdot 4{,}9$
$w = 1715 \text{ €}$

Ergebnis: 4,9% von 35 000 € sind 1715 €.

Berechne $16\frac{2}{3}\%$ von 5280 Liter.

Gegeben: Prozentsatz $p\% = 16\frac{2}{3}\%$ Gesucht: Prozentwert w
Grundwert g = 5280 Liter

Lösung: Die gegebenen Werte werden in die Formel
$w = (g : 100) \cdot p$ eingesetzt:
$w = (5280 \text{ Liter} : 100) \cdot 16\frac{2}{3}$
$w = 52{,}80 \text{ Liter} \cdot 16\frac{2}{3}$
$w = \frac{52{,}8 \cdot 50}{3} \text{ Liter}$
$w = 880 \text{ Liter}$

Ergebnis: $16\frac{2}{3}\%$ von 5280 Liter sind 880 Liter.

Wie viel sind 114% von 93,70 €?

Gegeben: Prozentsatz p% = 114% Gesucht: Prozentwert w
Grundwert g = 93,70 €

Lösung: $w = (g : 100) \cdot p$
$w = (93{,}70 \text{ €} : 100) \cdot 114$
$w = 0{,}9370 \text{ €} \cdot 114$
$w = 106{,}818 \text{ €} \approx 106{,}82 \text{ €}$

Ergebnis: 114% von 93,70 € sind rund 106,82 €.

**4** Berechne ebenso mithilfe der Formel $w = (g : 100) \cdot p$:

**a)** 12% von 738 €;
**b)** 28% von 413 kg;
**c)** 42% von 123 m;
**d)** 54% von 1735 €;
**e)** 14% von 12 348 €;
**f)** 12,5% von 4248 €;
**g)** 125% von 378 €;
**h)** 44,7% von 1234 kg;
**i)** 0,75% von 480 €;
**k)** 117% von 3787 €;
**l)** 257% von 578 €;
**m)** $16\frac{2}{3}\%$ von 3666 €;
**n)** 7,75% von 4780 €;
**o)** 114% von 13 780 €.

Alle bisher in diesem Abschnitt auftretenden Aufgaben hatten die Form

„Berechne 12% von 3756 €“

oder „Wie viel sind 15% von 1235 kg“

oder „Vergrößere 375 € um 33%“

oder „Vermindere 2134 km um 18%“.

Häufig sind derartige Aufgaben jedoch in Textform gekleidet. Dann musst du zuallererst den Aufgabentext in eine mathematische Form bringen, ehe du dich an die eigentliche Berechnung machen kannst.

**Beispiele:**

**Aufgabentext:** 28 350 € soll der neue Wagen kosten. Herr Schwarz ist einverstanden. „Und dann kommt natürlich noch die Mehrwertsteuer von 16% dazu“, sagt der Verkäufer so ganz nebenbei, als er den Kaufvertrag ausfüllt. Da wird Herrn Schwarz schwarz vor den Augen. Damit hatte er nicht gerechnet. Wie viel Euro kommen zum ursprünglichen Kaufpreis durch die 16%ige Mehrwertsteuer hinzu?

**Mathematische Formulierung:**

„Wie viel sind 16% von 28 350 €?“

**Dreisatz:**

| | | |
|---|---|---|
| Wir wollen wissen: | 16% sind | x € |
| Wir wissen: | 100% sind | 28 350 € |
| Schluss auf die Einheit: | 1% sind | 283,50 € |
| Schluss auf das 16fache der Einheit: | 16% sind | 16 · 283,50 € = 4536 € |

**Antwortsatz:** Zum ursprünglichen Kaufpreis kommen noch 4536 € hinzu.

**Aufgabentext:** 875 € soll der neue Fernsehapparat kosten. Als treuer Kunde erhält Herr Dehn einen Preisnachlass (Rabatt) von 8%. Wie viel hat Herr Dehn für den neuen Apparat zu bezahlen?

**Mathematische Formulierung:**

„Wie viel sind 92% von 875 €?“

**Berechnung mithilfe der Formel:**

Gegeben: Prozentsatz p% = 92%
Grundwert g = 875 €

Gesucht: Prozentwert w

Lösung: Wir setzen die gegebenen Werte in die Formel w = (g : 100) · p ein und erhalten:

$w = (875\ € : 100) \cdot 92$
$w = 8{,}75\ € \cdot 92$
$w = 805\ €$

**Antwortsatz:** Herr Dehn muss für den neuen Fernsehapparat 805 € bezahlen.

**Aufgabentext:** Lange Zeit musste sich Gruppenleiterin Stark mit einem Monatsgehalt von 3770 € begnügen, das ihrer verantwortungsvollen Tätigkeit schon längst nicht mehr angemessen war. Jetzt endlich hat sie die lang ersehnte Gehaltserhöhung bekommen. Gleich um 6% wurde ihr Gehalt erhöht. Wie hoch ist Frau Starks Gehalt nach dieser Erhöhung?

**Mathematische Formulierung:**

„Wie viel sind 106% von 3770 €?"

**Dreisatz:**

| | | |
|---|---|---|
| Wir wollen wissen: | 106% sind | x € |
| Wir wissen: | 100% sind | 3770 € |
| Schluss auf die Einheit: | 1% sind | 37,70 € |
| Schluss auf das 106fache der Einheit: | 106% sind | 106 · 37,70 € = 3996,20 € |

**Antwortsatz:** Frau Starks Gehalt beträgt nach der Erhöhung 3996,20 € monatlich.

**5** Um 40% habe der Fahrer des Pkw mit dem amtlichen Kennzeichen ZUF-IX 70 am 4.6.2003 um 15.48 Uhr an der Autobahnbaustelle bei Rasenhausen die dort vorgeschriebene Höchstgeschwindigkeit von 50 km/h überschritten, so steht es in dem Bußgeldbescheid, den Herr Neumann, der Halter des Fahrzeugs, von der Polizei zugeschickt bekommen hat. Zerknirscht muss sich Herr Neumann eingestehen, dass nicht irgendein verantwortungsloses Mitglied der Familie, sondern er selbst am angegebenen Tage zur angegebenen Zeit am angegebenen Ort die Tat begangen hat. Mit wie viel km/h ist Herr Neumann durch die Autobahnbaustelle gerast?

**6** Schon wieder einmal hat die Autofirma „Ipsokineta AG" die Preise für alle von ihr hergestellten Modelle erhöht. Diesmal um 4,2%.
Vor der Preiserhöhung kostete
der kleine Stadtflitzer „Picobello" 9650 €,
der solide Mittelklassewagen „Medium normale" 13 400 €,
die komfortable Reiselimousine „Supertramp de luxe" 23 150 €
und der sportliche Zweisitzer „Twinquick" 19 350 €.
Wie viel kosten die einzelnen Modelle nach der Preiserhöhung?

**7** „Wegen der allseits gestiegenen Kosten sehe ich mich zu meinem größten Bedauern gezwungen, Ihre Miete um 3,5% zu erhöhen“, so lautete der einzig wichtige Satz im Schreiben des Hausbesitzers. Bisher hat die Miete monatlich 580 € gekostet. Wie viel ist nach der Erhöhung monatlich zu entrichten?

**8** „Der menschliche Körper besteht zu 60% aus Wasser“, so lautet der Hefteintrag im Biologieunterricht. Nun will der 48 kg schwere Martin wissen, aus wie viel Liter Wasser sein Körper besteht und der seines 82 kg schweren Vaters (1 Liter Wasser wiegt 1 kg!).

**9** Um seine leicht verderbliche Ware noch vor dem Wochenende zu verkaufen, senkt ein Obsthändler am Samstagvormittag seine Preise um 40%. Ursprünglich kostete

| | | | |
|---|---|---|---|
| 1 kg Bananen | 0,95 € | 1 kg Kirschen | 1,95 € |
| 1 kg Pfirsiche | 1,45 € | 1 kg Erdbeeren | 1,85 € |
| 1 kg Trauben | 2,15 € | 1 kg Heidelbeeren | 3,65 € |
| 1 kg Pflaumen | 1,75 € | | |

Wie sieht diese Preisliste nach der 40%igen Preissenkung aus?

**10** „3% Skonto bei Zahlung innerhalb von 14 Tagen“, steht auf der Rechnung. Das heißt, wer die Rechnung innerhalb von 14 Tagen nach Zustellung bezahlt, kann vom Rechnungsbetrag 3% abziehen. Herr Kummer hat für die Renovierung seiner Wohnung eine Rechnung über 4375 € erhalten. Wie viel hat er zu bezahlen, wenn er die 14-Tage-Frist einhält?

**11** Bei günstigen Witterungsverhältnissen kann der Zuckergehalt von Zuckerrüben 21% betragen. Wie viel Zucker ist unter diesen Umständen in einer 2,2 kg schweren Zuckerrübe enthalten?

### 3. Berechnung des Grundwertes

Um endlich zu dem ersehnten Eigenheim zu kommen, hat Familie Rademacher einen Bausparvertrag über 450 € monatlich abgeschlossen. Diese 450 € machen genau 15% von Herrn Rademachers Monatsgehalt aus.
Wie viel Gehalt bekommt Herr Rademacher im Monat?

Mathematisch lässt sich diese Fragestellung so formulieren:

„Von welchem Betrag sind 15% gleich 450 €?“

Wir kennen also den Prozentsatz p% = 15%
und den Prozentwert w = 450 €.

Wir suchen den Grundwert g.

Aus dem vorhergehenden Abschnitt wissen wir:

1. Prozentsatz p und Prozentwert w sind direkt proportional.
2. Der Grundwert g entspricht einem Prozentsatz von 100%.

Mit diesen Kenntnissen lässt sich die gestellte Aufgabe über einen Dreisatz lösen:

| | | | | |
|---|---|---|---|---|
| Wir wollen wissen: | 100% sind | x € | | |
| Wir wissen: | 15% sind | 450 € | | |
| Schluss auf die Einheit: | 1% sind | 450 € : 15 | = | 30 € |
| Schluss auf das 100fache der Einheit: | 100% sind | $100 \cdot 30$ € | = | 3000 € |

Ergebnis: Der gesuchte Grundwert, also Herrn Rademachers Monatsgehalt, beträgt 3000 €.

Von welchem Grundwert sind 10,25% gleich 1324,30 €?

| | | | | |
|---|---|---|---|---|
| Wir wollen wissen: | 100% sind | x € | | |
| Wir wissen: | 10,25% sind | 1324,30 € | | |
| Schluss auf die Einheit: | 1% sind | 1324,30 € : 10,25 | = | 129,20 € |

| Schluss auf das 100fache der Einheit: | 100% sind | 100 · 129,20 € | = 12 920 € |
|---|---|---|---|

Ergebnis: Der gesuchte Grundwert ist 12 920 €.

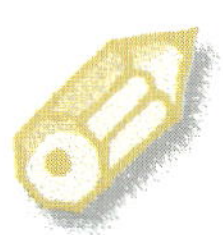

Von welchem Grundwert sind 114% gleich 1482 €?

| | | | |
|---|---|---|---|
| Wir wollen wissen: | 100% sind | x € | |
| Wir wissen: | 114% sind | 1482 € | |
| Schluss auf die Einheit: | 1% sind | $\frac{1482}{114}$ € | |
| Schluss auf das 100fache der Einheit: | 100% sind | $\frac{100 \cdot 1482}{114}$ € | = 1300 € |

Ergebnis: Der gesuchte Grundwert beträgt 1300 €.

**12** Berechne ebenso. Von welchem Grundwert sind

**a)** 12% gleich 68,16 €?
**b)** 7% gleich 39,76 €?
**c)** 35% gleich 81,2 kg?
**d)** 12,5% gleich 570,25 €?
**e)** 25% gleich 412 km?
**f)** 16% gleich 10,96 €?
**g)** 114% gleich 267,90 €?
**h)** 225% gleich 8298 €?
**i)** 45% gleich 25641 €?
**k)** $16\frac{2}{3}$% gleich 666 €?

Bei allen Beispielen und Aufgaben dieses Abschnitts waren jeweils der **Prozentsatz** und der **Prozentwert** gegeben.

Gesucht wurde in jedem Fall der **Grundwert.**

Jede einzelne dieser Aufgaben wurde nach dem gleichen Schema gelöst. Dieses Lösungsschema wollen wir zu einer Formel entwickeln, mit der sich derartige Aufgaben leichter und schneller lösen lassen. Dazu verallgemeinern wir einmal die **spezielle** Aufgabe

„Von welchem Grundwert sind 12% gleich 42 €?“,

indem wir

1. an die Stelle des **speziellen** Prozentsatzes von 12% das **allgemeine** Zeichen für den Prozentsatz, also den Buchstaben p%, setzen und
2. an die Stelle des **speziellen** Prozentwertes von 42 € das **allgemeine** Zeichen für den Prozentwert, also den Buchstaben w, setzen.

Damit erhalten wir die **allgemeine** Aufgabe.

Diese beiden Aufgaben, die **spezielle** und die **allgemeine,** stellen wir nun in unserem Lösungsschema einander gegenüber:

| | spezielle Aufgabe | | allgemeine Aufgabe | |
|---|---|---|---|---|
| Wir wollen wissen: | 100% sind | x € | 100% sind | x |
| Wir wissen: | 12% sind | 42 € | p% sind | w |
| Schluss auf die Einheit: | 1% sind | 42 € : 12 | 1% sind | w : p |
| Schluss auf das 100fache der Einheit: | 100% sind | (42 € : 12) · 100 | 100% sind | (w : p) · 100 |
| Ergebnis: Für den gesuchten Grundwert g gilt: | g = (42 € : 12) · 100<br>= 350 € | | g = (w : p) · 100 | |

Und damit haben wir im Folgenden die angestrebte **Formel** zur leichten und schnellen Berechnung des Grundwertes erhalten.

$$g = (w : p) \cdot 100 = \frac{w \cdot 100}{p}$$

In Worten: Den Grundwert erhält man, wenn man das 100fache des Prozentwertes durch den Prozentsatz teilt.

**Beispiele** für die Anwendung dieser Formel.

Von welchem Grundwert sind 3,8% gleich 469,30 €?

Gegeben: Prozentsatz p% = 3,8% Gesucht: Grundwert g
Prozentwert w = 469,30 €

Lösung: Wir setzen die gegebenen Werte in die Formel

$g = \frac{w \cdot 100}{p}$ ein und erhalten:

$$g = \frac{469{,}30 \cdot 100}{3{,}8} \text{ €}$$

$$g = 12\,350 \text{ €}$$

Ergebnis: Der gesuchte Grundwert ist 12 350 €.

Von welchem Grundwert sind $15\frac{1}{3}$% gleich 112,70 €?

Gegeben: Prozentsatz p% = $15\frac{1}{3}\% = \frac{46}{3}\%$ Gesucht: Grundwert g
Prozentwert w = 112,70 €

Lösung: Einsetzen der gegebenen Werte in die Formel

$g = \frac{w \cdot 100}{p}$ ergibt:

$$g = \frac{112{,}70 \cdot 100}{\frac{46}{3}}\ €$$

$$g = \frac{11\,270 \cdot 3}{46}\ €$$

$$g = 735\ €$$

Ergebnis: Der gesuchte Grundwert ist 735 €.

Von welchem Grundwert sind 215% gleich 462,25 €?

Gegeben: Prozentsatz p% = 215%
Prozentwert w = 462,25 €

Gesucht: Grundwert g

Lösung:
$$g = \frac{w \cdot 100}{p}$$

$$g = \frac{462{,}25 \cdot 100}{215}\ €$$

$$g = 215\ €$$

Ergebnis: Der gesuchte Grundwert beträgt 215 €.

**13** Berechne ebenso mithilfe der Formel $g = \frac{w \cdot 100}{p}$.
Von welchem Grundwert sind

**a)** 18% gleich 64,08 €?
**b)** 27% gleich 1535,76 €?
**c)** 7,8% gleich 46,02 €?
**d)** 44% gleich 25 058 €?
**e)** 68% gleich 1604,80 €?
**f)** 92% gleich 217,12 €?
**g)** $4\frac{2}{3}$% gleich 1251,60 €?
**h)** 86% gleich 489,34 €?
**i)** 114% gleich 860,70 €?
**k)** 166% gleich 11 070,54 €?
**l)** 245% gleich 600,25 €?
**m)** 25% gleich 14 174 €?

Alle bisher in diesem Abschnitt auftretenden Aufgaben waren von der Form des folgenden Beispiels:

„Von welchem Grundwert sind 12% gleich 30,96 €?“

In der Regel liegen derartige Aufgaben aber in einer Textform vor. In einem solchen Fall musst du zuerst den Aufgabentext in eine entsprechende mathematische Form bringen, ehe du die eigentliche Berechnung beginnen kannst.

## Beispiele

**Aufgabentext:** 110 Schüler der Michel-Rolle-Schule konnten, weil sie nicht rechtzeitig zur Duden-Schülerhilfe gegriffen haben, zum Schuljahresende leider nicht versetzt werden. Im Jahresbericht der Schule steht, dass 8,8% der Schüler das Klassenziel nicht erreicht haben.
Wie viele Schüler besuchen die Michel-Rolle-Schule?

**Mathematische Formulierung:**

„Von wie vielen Schülern sind 8,8% gleich 110 Schüler?"

**Dreisatz:**

| | | |
|---|---|---|
| Wir wollen wissen: | 100% sind | x Schüler |
| Wir wissen: | 8,8% sind | 110 Schüler |
| Schluss auf die Einheit: | 1% sind | 110 Schüler : 8,8 = 12,5 Schüler |
| Schluss auf das 100fache der Einheit: | 100% sind | 12,5 Schüler · 100 = 1250 Schüler |

**Antwortsatz:** Die Michel-Rolle-Schule wird von 1250 Schülern besucht.

**Aufgabentext:** In zähen Verhandlungen gelang es Herrn Scholz, den ursprünglichen Preis seines neuen Wagens um 12% zu drücken. „Damit haben wir 1311 € gespart!", verkündet er stolz der Familie.
Wie viel sollte der Wagen ursprünglich kosten?

**Mathematische Formulierung:**

„Von welchem Geldbetrag sind 12% gleich 1311 €?"

**Berechnung mithilfe der Formel:**

Gegeben: Prozentsatz p% = 12%
Prozentwert w = 1311 €

Gesucht: Grundwert g

Lösung: $g = \frac{w \cdot 100}{p}$

$g = \frac{1311 \cdot 100}{12}$ €

$g = 10\,925$ €

**Antwortsatz:** Der neue Wagen sollte 10 925 € kosten.

**Aufgabentext:** Einschließlich der 16%igen Mehrwertsteuer kostet ein Computer 1102 €. Wie hoch ist der Preis ohne die Mehrwertsteuer?

**Anleitung:** Der Preis ohne Mehrwertsteuer entspricht einem Prozentsatz von 100%. Der Preis einschließlich der 16%igen Mehrwertsteuer entspricht dann aber einem um 16% höheren Prozentsatz, also 116%.

**Mathematische Formulierung:**

„Von welchem Grundwert sind 116% gleich 1102 €?"

**Dreisatz:**

| | | |
|---|---|---|
| Wir wollen wissen: | 100% sind | x € |
| Wir wissen: | 116% sind | 1102 € |
| Schluss auf die Einheit: | 1% sind | 1102 € : 116 = 9,5 € |
| Schluss auf das 100fache der Einheit: | 100% sind | 9,5 € · 100 = 950 € |

**Antwortsatz:** Der Computer kostet ohne Mehrwertsteuer 950 €.

**14** „Sommerschlussverkauf! Alle Preise um 30% gesenkt!", lockt das Schild im Schaufenster des Modegeschäftes. Das Kleid, auf das Frau Kowalewski schon lange einen Blick geworfen hat, ist nun um 54 € billiger als zuvor. Wie hoch war der ursprüngliche Preis des Kleides?

**15** „3,5% mehr Gehalt im öffentlichen Dienst!“, verkündet die Morgenzeitung mit dicken Lettern auf der ersten Seite als Ergebnis der langwierigen Tarifverhandlungen. Nach einer kurzen Rechnung auf dem Rand der Zeitung stellt Herr Blaschke, lang gedienter Angestellter im öffentlichen Dienst, hocherfreut fest, dass damit sein Gehalt nun endlich die lang ersehnte Traumgrenze von 2500 € überschritten hat. „2525,40 € verdiene ich von jetzt ab monatlich!“, eröffnet er voller Stolz der am Frühstückstisch versammelten Familie. Wie hoch war Herrn Blaschkes Gehalt vor der Gehaltserhöhung?

**Anleitung:** Das ursprüngliche Gehalt von Herrn Blaschke entspricht einem Prozentsatz von 100%. Da dieses ursprüngliche Gehalt um 3,5% erhöht wurde, entspricht das neue Gehalt einem um 3,5% höheren Prozentsatz, also 100% + 3,5% = 103,5%.

**16** Um genau 9,5% ließ sich der Heizölverbrauch nach dem Einbau des neuen Heizkessels senken. „Immerhin haben wir dadurch in diesem Jahr 456 Liter weniger Heizöl verbraucht als im Vorjahr“, stellt tief befriedigt Herr Hölder fest. Wie hoch war der Heizölverbrauch im Vorjahr?

**17** Jeden Monat muss Herr Knepp 857,70 € Miete für seine geräumige Vier-Zimmer-Wohnung bezahlen. Diese 857,70 € machen genau 18% seines Monatsgehalts aus. Wie viel Gehalt bekommt Herr Knepp im Monat?

**18** 546 Mädchen besuchen das Emmy-Noether-Gymnasium. Ihr Anteil an der Gesamtschülerzahl beträgt 56%. Wie viele Schüler insgesamt besuchen dieses Gymnasium?

**19** „Wie viel hat denn der neue Wagen gekostet?“, will Peter von seiner Mutter wissen. Diese versucht Peters Rechenlust zu wecken, indem sie antwortet: „3612 € hat allein die Mehrwertsteuer ausgemacht, und diese beträgt derzeit 16%.“ Wie teuer war der neue Wagen?

**Anleitung:** Der Preis **ohne** Mehrwertsteuer entspricht 100%. Der Preis **mit** Mehrwertsteuer entspricht 116%.

### 4. Berechnung des Prozentsatzes

7812,50 € soll der noch recht gut erhaltene Gebrauchtwagen kosten. Herr Hankel besteht jedoch auf einen Preisnachlass von 312,50 €, „damit es einen glatten Preis gibt“, wie er dem Verkäufer gegenüber seinen Wunsch klarzumachen versucht.
Nach einigem Hin und Her willigt dieser mit schmerzlich verzogenem Gesicht ein.
Wie viel Prozent des ursprünglichen Preises beträgt der Nachlass?

Mathematisch lässt sich diese Fragestellung so formulieren:

„Wie viel % von 7812,50 € sind 312,50 €?“.

Wir kennen also den Grundwert g = 7812,50 € und den Prozentwert w = 312,50 €. Wir suchen den Prozentsatz.
Aus den vorhergehenden Abschnitten wissen wir:

1. Prozentsatz p und Prozentwert w sind direkt proportional.

2. Der Grundwert g entspricht einem Prozentsatz von 100%.

Mit diesen Kenntnissen lässt sich der gesuchte Prozentsatz über einen Dreisatz berechnen:

| | | |
|---|---|---|
| Wir wollen wissen: | 312,50 € sind | x% |
| Wir wissen: | 7812,50 € sind | 100% |

| Schluss auf die Einheit: | 1 € ist 100% : 7812,50 = 0,0128% |
|---|---|
| Schluss auf das 312,50fache der Einheit: | 312,50 € sind 0,0128% · 312,50 = 4% |

Ergebnis: Der gesuchte Prozentsatz beträgt 4%. Das heißt: Herr Hankel hat den ursprünglichen Preis um 4% gedrückt.

Gelegentlich führt die Divisionsaufgabe beim „Schluss auf die Einheit“ auf einen periodischen Dezimalbruch wie im folgenden Beispiel:

Wie viel % von 3250 € sind 260 €?

| Wir wollen wissen: | 260 € sind x % |
|---|---|
| Wir wissen: | 3250 € sind 100% |
| Schluss auf die Einheit: | 1 € ist 100% : 3250 = $0{,}0\overline{307692}$ |

Der Gefahr, auf einen solchen unhandlichen periodischen Dezimalbruch zu geraten, entgeht man häufig, wenn man die Divisionsaufgabe zunächst unausgerechnet lässt und in Form eines Bruches mit Bruchstrich schreibt. Das sieht dann so aus:

| Schluss auf die Einheit: | 1 € ist $\frac{100}{3250}$% |
|---|---|

Beim „Schluss auf das gesuchte Vielfache der Einheit“ kann man dann gelegentlich kürzen und dadurch dem periodischen Dezimalbruch entgehen:

| Schluss auf das 260fache der Einheit: | 260 € sind $\frac{\overset{4}{\cancel{100}} \cdot \overset{2}{\cancel{260}}}{\underset{\underset{1}{\cancel{130}}}{\cancel{3250}}}$% = 8% |
|---|---|

Ergebnis: 260 € sind 8% von 3250 €.

Wie viel % von 1785 € sind 135,66 €?

| Wir wollen wissen: | 135,66 € sind | x% |
|---|---|---|
| Wir wissen: | 1785 € sind | 100% |
| Schluss auf die Einheit: | 1 € ist | $\frac{100}{1785}$% |
| Schluss auf das 135,66fache der Einheit: | 135,66 € sind | $\frac{135{,}66 \cdot 100}{1785}$% = 7,6% |

Ergebnis: 135,66 € sind 7,6% von 1785 €.

Wie viel % von 730 € sind 1715,50 €?

| Wir wollen wissen: | 1715,50 € sind | x% |
|---|---|---|
| Wir wissen: | 730 € sind | 100% |
| Schluss auf die Einheit: | 1 € ist | $\frac{100}{730}$% |

| | |
|---|---|
| Schluss auf das 1715,50-fache der Einheit: | 1715,50 € sind $\frac{1715{,}50 \cdot 100}{730}\% = 235\%$ |

Ergebnis: 1715,50 € sind 235% von 730 €.

**20** Berechne ebenso:

**a)** Wie viel % von 3780 € sind 567 €?
**b)** Wie viel % von 15 500 € sind 1317,50 €?
**c)** Wie viel % von 375 € sind 47,25 €?
**d)** Wie viel % von 1760 € sind 2024 €?
**e)** Wie viel % von 35 600 € sind 44 500 €?
**f)** Wie viel % von 780 € sind 273 €?
**g)** Wie viel % von 1250 € sind 500 €?
**h)** Wie viel % sind 1250 € von 500 €?
**i)** Wie viel % sind 3055 € von 2350 €?
**k)** Wie viel % von 4580 € sind 1190,80 €?
**l)** Wie viel % sind 1337 € von 4775 €?
**m)** Wie viel % von 143 700 € sind 11 136,75 €?

Die Aufgabe

„Um wie viel % sind 408,12 € größer als 358 €?"

kann man in zwei Schritten so lösen.

**1. Schritt:** „Wie viel % sind 408,12 € von 358 €?"

| | | |
|---|---|---|
| Wir wollen wissen: | 408,12 € sind | x% |
| Wir wissen: | 358 € sind | 100% |
| Schluss auf die Einheit: | 1 € ist | $\frac{100}{358}\%$ |
| Schluss auf das 408,12fache der Einheit: | 408,12 € sind | $\frac{408{,}12 \cdot 100}{358}\% = 114\%$ |

Zwischenergebnis: 408,12 € sind 114% von 358 €.

**2. Schritt:** Wenn 408,12 € gleich 114% von 358 € sind, dann sind 408,12 € um 114% – 100% = 14% **größer** als 358 €.

Endergebnis: 408,12 € sind um 14% größer als 358 €.

Ganz entsprechend gehst du bei der Lösung der folgenden Aufgabe vor:

„Um wie viel % sind 437,36 € kleiner als 568 €?"

**1. Schritt:** „Wie viel % sind 437,36 € von 568 €?"

| | | |
|---|---|---|
| Wir wollen wissen: | 437,36 € sind | x% |
| Wir wissen: | 568 € sind | 100% |
| Schluss auf die Einheit: | 1 € ist | $\frac{100}{568}$% |
| Schluss auf das 437,36fache der Einheit: | 437,36 € sind | $\frac{437{,}36 \cdot 100}{568}\% = 77\%$ |

Zwischenergebnis: 437,36 € sind 77% von 568 €.

**2. Schritt:** Wenn 437,36 € gleich 77% von 568 € sind, dann sind 437,36 € um 100% – 77% = 23% kleiner als 568 €.

Endergebnis: 437,36 € sind um 23% kleiner als 568 €.

**21** Berechne ebenso. Um wie viel % sind

**a)** 433,50 € größer als 425 €?
**b)** 633,60 € kleiner als 720 €?
**c)** 3766,4 kg kleiner als 4280 kg?
**d)** 1047,50 € größer als 838 €?
**e)** 15,50 € größer als 12,50 €?
**f)** 13 608 € kleiner als 24 300 €?
**g)** 4743,70 € kleiner als 5785 €?
**h)** 116 792,50 € größer als 75 350 €?
**i)** 37 290 € kleiner als 113 000 €?

**k)** 1953,60 € größer als 888 €?
**l)** 182 € größer als 52 €?
**m)** 439,56 € kleiner als 666 €?

Bei allen Aufgaben dieses Abschnittes waren jeweils der **Grundwert** und der **Prozentwert** gegeben.
Gesucht wurde in jedem Fall der **Prozentsatz.**
Jede einzelne dieser Aufgaben wurde nach dem gleichen Schema gelöst. Dieses Lösungsschema soll jetzt zu einer Formel entwickelt werden mit deren Hilfe sich derartige Aufgaben leichter und schneller berechnen lassen.

Wir verallgemeinern dazu einmal die **spezielle** Aufgabe:

„Wie viel % von 3450 € sind 414 €?“,

indem wir

1. an die Stelle des **speziellen** Grundwertes von 3450 € das **allgemeine** Zeichen für den Grundwert, also den Buchstaben g, setzen und
2. an die Stelle des **speziellen** Prozentwertes von 414 € das **allgemeine** Zeichen für den Prozentwert, also den Buchstaben w, setzen.

Damit erhalten wir die **allgemeine** Aufgabe:

„Wie viel % von g sind w?“

Diese beiden Aufgaben, die **spezielle** und die **allgemeine,** stellen wir nun in unserem Lösungsschema einander gegenüber.

| | spezielle Aufgabe | | allgemeine Aufgabe | |
|---|---|---|---|---|
| Wir wollen wissen: | 414 € sind | x% | w sind | x% |
| Wir wissen: | 3450 € sind | 100% | g sind | 100% |
| Schluss auf die Einheit: | 1 € sind | $\frac{100}{3450}\%$ | 1 sind | $\frac{100}{g}\%$ |
| Schluss auf das gesuchte Vielfache der Einheit: | 414 € sind | $\frac{100 \cdot 414}{3450}\%$ | w sind | $\frac{100 \cdot w}{g}\%$ |

| Ergebnis: Für den gesuchten Prozentsatz p% gilt: | $p\% = \frac{100 \cdot 414}{3450}\% = 12\%$ | $p\% = \frac{100 \cdot w}{g}\%$ |
|---|---|---|

Damit haben wir im Folgenden die angepeilte Formel erhalten.

$$p\% = \frac{100 \cdot w}{g}\%, \text{ also } p = \frac{100 \cdot w}{g}$$

In Worten: Den Prozentsatz erhält man, wenn man das 100fache des Prozentwertes durch den Grundwert teilt.

Beispiele für die Anwendung dieser Formel.

Wie viel % von 7225 € sind 1734 €?

Gegeben: Grundwert g = 7225 €
Prozentwert w = 1734 €

Gesucht: Prozentsatz p

Lösung: Wir setzen die gegebenen Werte in die Formel $p = \frac{100 \cdot w}{g}$ ein und erhalten:

$$p = \frac{100 \cdot 1734\,€}{7225\,€}$$

$$p = 24$$

Ergebnis: 1734 € sind 24% von 7225 €.

Wie viel % sind 34 752 € von 54 300 €?

Gegeben: Grundwert g = 54 300 €
Prozentwert w = 34 752 €

Gesucht: Prozentsatz p

Lösung: Einsetzen der gegebenen Werte in die Formel

$p = \frac{100 \cdot w}{g}$ ergibt:

$p = \frac{100 \cdot 34752\,€}{54300\,€}$

$p = 64$

Ergebnis: 34 752 € sind 64% von 54 300 €.

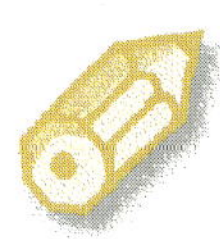

Wie viel % von 34 752 € sind 54 300 €?

Gegeben: Grundwert g = 34 752 €
Prozentwert w = 54 300 €

Gesucht: Prozentsatz p

Lösung: $p = \frac{100 \cdot w}{g}$

$p = \frac{100 \cdot 54300\,€}{34752\,€}$

$p = 156{,}25$

Ergebnis: 54 300 € sind 156,25% von 34 752 €.

**22** Berechne ebenso mithilfe der Formel $p = \frac{100 \cdot w}{g}$:

**a)** Wie viel % von 2340 € sind 842,40 €?
**b)** Wie viel % von 432 kg sind 64,8 kg?
**c)** Wie viel % von 758 km sind 54,955 km?
**d)** Wie viel % von 12 400 € sind 3162 €?
**e)** Wie viel % von 48 800 € sind 1073,60 €?
**f)** Wie viel % von 235 € sind 312,55 €?
**g)** Wie viel % von 4775 € sind 5443,50 €?
**h)** Wie viel % von 5760 € sind 1843,20 €?
**i)** Wie viel % von 1843,20 € sind 5760 €?
**k)** Wie viel % sind 1843,20 € von 5760 €?
**l)** Wie viel % sind 5760 € von 1843,20 €?
**m)** Wie viel % von 14 380 kg sind 12 510,6 kg?
**n)** Wie viel % sind 2676,8 kg von 4780 kg?

o) Wie viel % von 84 840 € sind 24 603,60 €?
p) Wie viel % sind 336,6 Liter von 7480 Liter?
q) Wie viel % von 3788 € sind 4735 €?
r) Um wie viel % sind 259,92 € größer als 228 €?
s) Um wie viel % sind 4206,40 € kleiner als 4780 €?
t) Um wie viel % sind 4930 kg kleiner als 7250 kg?
u) Um wie viel % sind 97,2 kg größer als 72 kg?
v) Um wie viel % sind 153 km kleiner als 425 km?
w) Um wie viel % sind 1914 € größer als 870 €?
x) Um wie viel % sind 15 372,50 € größer als 14 300 €?
y) Um wie viel % sind 4471 € kleiner als 6800 €?
z) Um wie viel % sind 7310 € größer als 6800 €?

Alle Aufgaben dieses Abschnitts hatten eine solche Form

„Wie viel % von 336 € sind 40,32 €?"

„Wie viel % sind 203,50 € von 925 €?"

„Um wie viel % sind 58 € kleiner als 72,50 €?"

„Um wie viel % sind 564,20 € größer als 455 €?".

In der Regel liegen derartige Aufgaben aber in einer Textform vor. In einem solchen Fall musst du zuerst den Aufgabentext in eine entsprechende mathematische Form bringen, ehe du mit der eigentlichen Rechnung beginnen kannst.

**Beispiele**

**Aufgabentext:** Von den 2275 € ihres Gehaltes zahlt Frau Engel regelmäßig 273 € auf ihren Sparvertrag ein. Wie viel % ihres Gehaltes legt Frau Engel auf diese Weise auf die hohe Kante?

**Mathematische Formulierung:**

„Wie viel % von 2275 € sind 273 €?"

**Dreisatz:**

| | | |
|---|---|---|
| Wir wollen wissen: | 273 € sind | x% |
| Wir wissen: | 2275 € sind | 100% |
| Schluss auf die Einheit: | 1 € ist | $\frac{100}{2275}$ % |
| Schluss auf das 546fache der Einheit: | 273 € sind | $\frac{100 \cdot 273}{2275}$ % = 12% |

**Antwortsatz:** Frau Engel spart regelmäßig 12% ihres Gehaltes.

**Aufgabentext:** Wieder einmal hat die Krankenkasse ihre Beiträge erhöht. Statt wie bisher 352,50 € muss Herr Pauli künftig 360,96 € monatlich bezahlen. Wie viel % des ursprünglichen Beitrages macht die Beitrags**erhöhung** aus?

**Anleitung:** Wenn der Beitrag ursprünglich 352,50 € betrug und **auf** 360,96 € erhöht wurde, dann wurde er **um** 360,96 € – 352,50 € = 8,46 € erhöht.

**Mathematische Formulierung:**

„Wie viel % von 352,50 € sind 8,46 €?"

**Berechnung mithilfe der Formel:**

Gegeben: Grundwert g = 352,50 € Gesucht: Prozentsatz p
Prozentwert w = 8,46 €

Lösung: Wir setzen die gegebenen Werte in die Formel

$p = \frac{100 \cdot w}{g}$ ein und erhalten:

$$p = \frac{100 \cdot 8{,}46€}{352{,}50€}$$

$$p = 2{,}4$$

**Antwortsatz:** Der Krankenkassenbeitrag wurde um 2,4% erhöht.

**Aufgabentext:** Jung, dynamisch und effektiv ist er, der neue Chef der Firma Mäusemacher und Co. In einem Jahr gelang es ihm, den Umsatz von kümmerlichen 4 545 000 € auf stolze 5 454 000 € zu steigern. Wie viel % des vorjährigen Umsatzes beträgt der diesjährige Umsatz?

**Mathematische Formulierung:**

„Wie viel % von 4 545 000 € sind 5 454 000 €?"

**Dreisatz:**

| | | |
|---|---|---|
| Wir wollen wissen: | 5 454 000 € sind | x% |
| Wir wissen: | 4 545 000 € sind | 100% |
| Schluss auf die Einheit: | 1 € ist | $\frac{100}{4\,545\,000}\%$ |
| Schluss auf das 5 454 000fache der Einheit: | 5 454 000 € sind | $\frac{100 \cdot 5\,454\,000}{4\,545\,000}\% = 120\%$ |

**Antwortsatz:** Der diesjährige Umsatz beträgt 120% des vorjährigen Umsatzes.

**23** „Immerhin ist es dir gelungen, die Summe deiner Noten gegenüber dem Vorjahr zu vergrößern“, bemerkt mit leichtem Spott Herr Harnack, als ihm sein Sohn Axel mit verlegenem Gesicht das Jahreszeugnis zeigt. „Voriges Jahr betrug die Summe aller deiner Noten nur 16. In diesem Jahr hast du dich auf eine Notensumme von 18 emporgearbeitet. Respekt! Respekt!“ Um wie viel % ist Axels Notensumme gegenüber dem Vorjahr gestiegen?

**24** Wies der Zufall will, wars bei Andrea, der Schwester des Axel Harnack aus der vorhergehenden Aufgabe, genau umgekehrt. Ihre Notensumme betrug im Vorjahr 18 und ist in diesem Jahr auf 16 gesunken. Um wie viel % ist Andreas Notensumme gegenüber dem Vorjahr gesunken?

**25** 2775 € Gehalt bekommt Herr Frege. Davon muss er 666 € Lohnsteuer entrichten. Wie viel % seines Gehaltes macht die Lohnsteuer aus?

**26** 533 der 1025 Schüler des Georg-Frobenius-Gymnasiums sind Jungen. Wie viel % sind das?

**27** Herr Neper ist ärgerlich. Eben hat er erfahren, dass seine Miete um 37,57 € erhöht worden ist. Bisher hat Herr Neper monatlich 578 € Miete bezahlt. Wie viel % der ursprünglichen Miete macht die Mieterhöhung aus?

**28** Von den 32 Schülern der Klasse 6b haben 4 Schüler in der letzten Mathematikarbeit die Note 1 erreicht. Wie viel % der Schüler dieser Klasse sind das?

**29** 82 kg brachte Herr Wohlleben auf die Waage, als er beschloss, diesen unansehnlichen Zustand zu ändern. Mit einer anstrengenden Diät hat er sich mittlerweile auf 69,7 kg heruntergehungert und ist damit seinem Idealgewicht einen Schritt näher gekommen. Wie viel % seines ursprünglichen Körpergewichts hat Herr Wohlleben abgespeckt?

**30** 28 840 Schulstunden hätten im vergangenen Schuljahr am Bernhard-Riemann-Gymnasium laut Stundenplan gehalten werden müssen. Trotz des Lehrerüberschusses fielen 721 davon aus. Wie viel % waren das?

**31** Von den 320 Teilnehmern an einem Eignungstest erhielten
72 die Beurteilungsstufe „gut geeignet“,
152 die Beurteilungsstufe „geeignet“,
60 die Beurteilungsstufe „bedingt geeignet“ und
36 die Beurteilungsstufe „nicht geeignet“:
Wie viel % entfielen auf die einzelnen Beurteilungsstufen?

## 5. Zusammenfassung

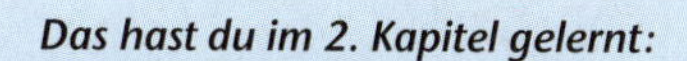

***Das hast du im 2. Kapitel gelernt:***

*Das Zeichen „%" bedeutet „Prozent".*
*„Prozent" heißt „Hundertstel".*

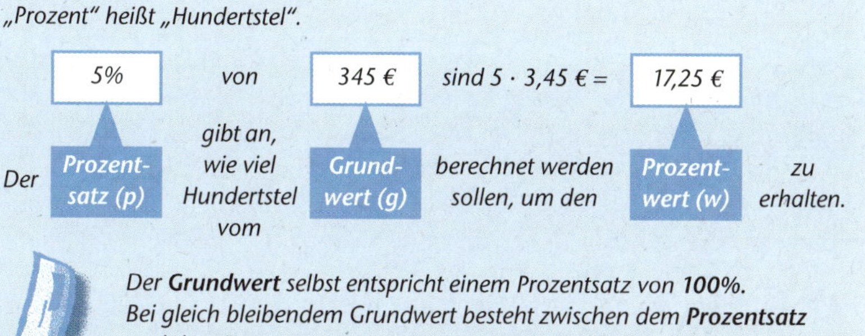

*Der **Grundwert** selbst entspricht einem Prozentsatz von **100%.***
*Bei gleich bleibendem Grundwert besteht zwischen dem **Prozentsatz** und dem **Prozentwert** eine **direkt proportionale** Zuordnung.*

*Alle Prozentaufgaben lassen sich deshalb mithilfe des **Dreisatzes bei direkt proportionaler Zuordnung** lösen. Einfacher geht es mithilfe der folgenden Formeln:*

$$w = \frac{g}{100} \cdot p \qquad g = \frac{100 \cdot w}{p} \qquad p = \frac{100 \cdot w}{g}$$

## 6. Vermischte Übungen

**32** Berechne die jeweils fehlende Größe:

| | Prozentsatz p% | Grundwert g | Prozentwert w |
|---|---|---|---|
| a) | 14% | 750 € | |
| b) | 7,5% | | 99,375 kg |
| c) | | 12 600 € | 4788 € |
| d) | 4,5% | 120 Liter | |
| e) | 128% | | 6016 € |
| f) | | 738 € | 1586,70 € |
| g) | 24% | 1240 kg | |
| h) | 114% | | 49 875 € |
| i) | | 4325 Liter | 3676,25 Liter |

33 „Probieren kann mans ja mal“, denkt sich Friseurmeister Harig. Schon lange hält er den Preis von 12 € für einen Herrenhaarschnitt für viel zu niedrig. Jetzt erhöht er ihn um 20%. Als aber schlagartig die Kundschaft wegbleibt, senkt er den erhöhten Preis schon nach einer Woche wieder, und zwar ebenfalls um 20%.

**a)** Wie viel kostet ein Haarschnitt nach der Preiserhöhung?
**b)** Wie viel kostet ein Haarschnitt nach der Preissenkung?
**c)** Um wie viel % hätte Herr Harig den erhöhten Preis senken müssen, um wieder zu dem ursprünglichen Preis von 12 € zu gelangen?

34 Zu statistischen Zwecken wurde an einem bestimmten, willkürlich herausgegriffenen Schultag untersucht, welche Verkehrsmittel die 850 Schüler einer Schule auf dem Weg zu ihrer Schule benutzt haben. Die Untersuchung hatte das folgende Ergebnis:

544 Schüler kamen mit dem Schulbus,
204 Schüler kamen mit dem Fahrrad,
34 Schüler kamen mit dem Mofa.

Der Rest kam zu Fuß. Wie viel % sind das jeweils?

35 8% des menschlichen Körpergewichts entfallen auf das Blut.

**a)** Wie viel kg Blut fließen in den Adern des 75 kg schweren Herrn Markow?
**b)** Das menschliche Blut besteht zu 56% aus flüssigem Blutplasma und zu 44% aus festen Bestandteilen (Blutkörperchen, Blutplättchen). Wie viel von jeder Sorte befinden sich im Blut des Herrn Markow?
**c)** Einen Blutverlust bis zu 10% ist im Allgemeinen für den Menschen völlig gefahrlos. Wie viel kg seines Blutes kann demnach Herr Markow ohne Risiko entbehren?
**d)** Lebensbedrohlich wird es bei einem Blutverlust von 30%. Wie viel kg seines Blutes hätte Herr Markow verloren, wenn dieser kritische Zustand erreicht wäre?

**36** Fleißig sind sie, die Angestellten der Großgärtnerei Kohl und Kraut AG. Bis zum Mittag haben sie 100 kg Erdbeeren geerntet und im Hof der Gärtnerei gelagert. Die frisch gepflückten Erdbeeren haben zu diesem Zeitpunkt einen Wassergehalt von 99%. Während sie der prallen Sonne ausgesetzt sind, verdunstet ein Teil des in den Erdbeeren enthaltenen Wassers. Wie viel kg wiegen die Erdbeeren am Abend dieses heißen Tages, wenn dann ihr Wassergehalt nur noch 98% beträgt?

**37** Andrea und Susanne, die beiden Zwillinge, haben sich unterschiedlich entwickelt. Andrea, die sportliche, wiegt 48 kg, Susanne, die dem Essen mehr zugeneigt ist als dem Sport, wiegt 52 kg.

**a)** Wie viel % wiegt Susanne mehr als Andrea?
**b)** Wie viel % wiegt Andrea weniger als Susanne?

**Anleitung:** Der Grundwert bei Aufgabenteil a) ist das Gewicht von Andrea, bei Aufgabenteil b) das Gewicht von Susanne.

**38** Um 8% wurde Frau Hankels Gehalt erhöht und beträgt nun 3866,44 €. Wie hoch war Frau Hankels Gehalt vorher?

**39** Für die Aufteilung der 160 Mathematikstunden des Schuljahres hat sich Herr Schmidt, der Mathematiklehrer der Klasse 6b, den folgenden Plan gemacht:

| Stoff | Stundenzahl |
|---|---|
| gewöhnliche Brüche | 48 |
| Dezimalbrüche | 30 |
| Wiederholung der Bruchrechnung | 6 |
| Dreisatz bei direkter Proportionalität | 18 |
| Dreisatz bei umgekehrter Proportionalität | 22 |
| Prozentrechnung | 20 |
| Wiederholung von Dreisatz und Prozentrechnung | 6 |

Die restlichen Stunden hält Herr Schmidt in Reserve für unvorhergesehene Stundenausfälle durch Krankheit, Hitzefrei, Schulfeiern usw.

Wie viel Prozent der Mathematikstunden des ganzen Schuljahres fallen auf die einzelnen Stoffgebiete, die Wiederholungen und die Reserve?

**40** Die Bankauszubildende Frau Bucher hat sich Aktien der Internetfirma „Webfirm“ gekauft. Diese Entscheidung hat sich offensichtlich gelohnt, denn der Aktienkurs von „Webfirm“ ist von 30,47 € auf 42,87 € gestiegen. Um wie viel % ist der Kurs der Aktie gestiegen?

**41** Von den 80 Teilnehmern an einer schriftlichen Prüfung erreichten:

| | | | |
|---|---|---|---|
| 7,5% | die Note 1, | 21,25% | die Note 4, |
| 17,5% | die Note 2, | 12,5% | die Note 5, |
| 36,25% | die Note 3, | 5% | die Note 6. |

Wie viele Teilnehmer entfielen auf die einzelnen Noten?

**42** Im vergangenen Jahr kostete eine Woche Aufenthalt mit Vollpension im Luxus-Ferienhotel „Rastoria“ am Lido di prezzi rigorosa pro Person 325 €. In diesem Jahr muss man dafür bereits 403 € bezahlen. Um wie viel Prozent wurde der Preis gegenüber dem Vorjahr erhöht?

**43** 32% seines monatlichen Gehalts von 2875 € bekommt Herr Sauer gar nicht erst in die Hände. Sie werden ihm für Lohnsteuer, Kirchensteuer, Sozialversicherung und Arbeitslosenversicherung noch vor der Auszahlung abgezogen. Wie hoch ist der kümmerliche Rest, von dem Herr Sauer und seine Familie ihren kärglichen Lebensunterhalt bestreiten müssen?

**44** Zum Hochzeitstag führt Herr Jacobi seine Frau in ein piekfeines Restaurant. Nach dem leckeren Mahl, verschönt durch Kerzenlicht und eine Flasche des köstlichsten Rotweins, verlangt Herr Jacobi nach der Rechnung. Frau Jacobi spitzt ihre Ohren. „Donnerwetter!“, meint sie beim Verlassen des Restaurants etwas anzüglich, „6,30 € Trinkgeld für den Ober! Das nenne ich großzügig!“, und ein leichtes Missfallen schwingt in ihrer Stimme. Beschwingt vom Rotwein hakt Herr Jacobi seine Frau unter und sagt: „Glaubst du denn, der Ober hätte dir so zuvorkommend in den Mantel gehol-

fen und uns die Tür aufgehalten, wenn ich ihm nicht 15% Trinkgeld gegeben hätte?“

Wie hoch war die Rechnung und wie viel hat Herr Jacobi dem Ober gegeben?

**45** Mit einem Fehler bis zu 8% müsse man bei der Anzeige des Tachometers rechnen, steht im Betriebshandbuch des neuen Wagens. Das heißt, die tatsächliche Geschwindigkeit kann bis zu 8% höher, aber auch bis zu 8% niedriger sein als die vom Tacho angezeigte Geschwindigkeit. Bei einer flotten Autobahnfahrt steht der Zeiger des Tachometers auf 140 km/h. Welche Geschwindigkeit hat das Auto dabei mindestens, welche Geschwindigkeit hat es höchstens?

**46** Der Einbau des neuen Ölbrenners hat sich ganz offensichtlich gelohnt. Während im vergangenen Jahr noch 3800 Liter Heizöl verbraucht wurden, sind in diesem Jahr nur 3325 Liter durch den Schornstein gegangen. Um wie viel % ließ sich der Ölverbrauch durch den neuen Brenner senken?

**47** 22% ihres Gehaltes muss Frau Dehn als Lohnsteuer an das Finanzamt entrichten. Monatlich sind es 616 €. Wie hoch ist Frau Dehns Monatsgehalt?

## Kapitel 3

# Zinsrechnung

## 1. Berechnung der Jahreszinsen

Eines der wichtigsten Anwendungsgebiete der Prozentrechnung ist die Zinsrechnung.
Wer Geld verleiht, der bekommt Zinsen. Wer sich Geld leiht, muss Zinsen bezahlen. Zinsen sind also gewissermaßen Leihgebühren für Geld.

**Beispiele**

Herr Rolle hat sich zum Erwerb eines Eigenheims langfristig von seiner Bank ein Kapital von 62 500 € geliehen. Der Zinssatz beträgt 8,75%. Das heißt, jedes Jahr verlangt die Bank von Herrn Rolle 8,75% des geliehenen Betrags als Zinsen. Wie viel Euro sind das?

**Mathematische Formulierung:**

„Wie viel sind 8,75% von 62 500 €?“

**Berechnung mithilfe der Formel:**

Gegeben: Grundwert g = 62 500 € Prozentsatz p% = 8,75%  Gesucht: Prozentwert w

Lösung: Wir setzen die gegebenen Werte in die Formel
$w = (g : 100) \cdot p$ ein und erhalten:
$w = (62\,500\text{ €} : 100) \cdot 8{,}75$
$w = 5468{,}75\text{ €}$

**Antwortsatz:** Herr Rolle muss jährlich 5468,75 € Zinsen bezahlen.

Das Beispiel zeigt:

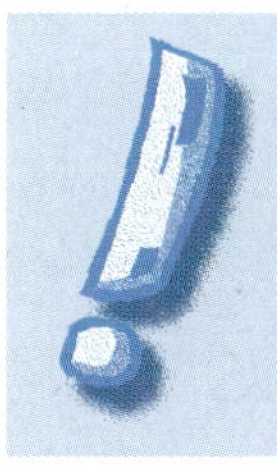

*In der Zinsrechnung bezeichnet man den Grundwert als* ***Kapital,*** *den Prozentsatz als* ***Zinssatz,*** *den Prozentwert als* ***Zinsen.***

In der folgenden Tabelle sind die in der allgemeinen Prozentrechnung und in der speziellen Zinsrechnung verwendeten Bezeichnungen und Abkürzungen einander gegenübergestellt.

| Prozentrechnung | Zinsrechnung |
|---|---|
| Grundwert g | Kapital k |
| Prozentsatz p% | Zinssatz p% |
| Prozentwert w | Zinsen z |
| $w = \frac{g}{100} \cdot p$ | $z = \frac{k}{100} \cdot p$ |
| $g = \frac{100 \cdot w}{p}$ | $k = \frac{100 \cdot z}{p}$ |
| $p = \frac{100 \cdot w}{g}$ | $p = \frac{100 \cdot z}{k}$ |

Die Zinsrechnung ist also nichts anderes als eine spezielle Art der Prozentrechnung mit eigenen Fachausdrücken und eigenen Formelzeichen. Obwohl man sämtliche Aufgaben der Zinsrechnung mit dem

Dreisatz lösen kann, wendet man in der Praxis fast ausschließlich diese **Formeln** an:

$$z = \frac{k}{100} \cdot p \quad k = \frac{100 \cdot z}{p} \quad p = \frac{100 \cdot z}{k}$$

Es kann deshalb nur wärmstens empfohlen werden, sich diese einzuprägen!

**Aufgabentext:** Welchen Betrag hat Frederika am Anfang des Jahres auf ihr Sparbuch eingezahlt, wenn sie am Jahresende bei einem Zinssatz von 2,8% genau 42 € an Zinsen bekommt?

**Mathematische Formulierung:**

„Von welchem Kapital sind 2,8% gleich 42 €?"

**Berechnung mithilfe der Formel:**

Gegeben: Zinssatz p% = 2,8%
Zinsen z = 42 €

Gesucht: Kapital k

Lösung: Wir setzen die gegebenen Werte in die Formel

$k = \frac{100 \cdot z}{p}$ ein und erhalten:

$$k = \frac{100 \cdot 42\,€}{2{,}8}$$

$$k = 1500\ €$$

**Antwortsatz:** Frederika hat am Jahresanfang 1500 € auf ihr Sparbuch eingezahlt.

**Aufgabentext:** Für einen am Anfang des Jahres eingezahlten Betrag von 4200 € bekommt Moritz am Jahresende 134,40 € Zinsen. Wie hoch ist der Zinssatz?

**Mathematische Formulierung:**

„Wie viel Prozent sind 134,40 € von 4200 €?“

**Berechnung mithilfe der Formel:**

Gegeben: Kapital $k = 4200\ €$
Zinsen $z = 134{,}40\ €$

Gesucht: Zinssatz p

Lösung: Einsetzen der gegebenen Werte in die Formel

$p = \frac{100 \cdot z}{p}$ liefert:

$$p = \frac{100 \cdot 134{,}40\,€}{4200\,€}$$

$$p = 3{,}2$$

**Antwortsatz:** Der Zinssatz beträgt 3,2%.

## 2. Übungen

Zur Vertiefung des Gelernten und zur sicheren Anwendung des Stoffes sollen dir die folgenden Aufgaben dienen.

**1** Berechne die jeweils fehlende Größe in der folgenden Tabelle.

| | Zinssatz | Kapital | Zinsen |
|---|---|---|---|
| a) | 7,2% | 1325 € | |
| b) | 3,4% | | 176,80 € |

| | Zinssatz | Kapital | Zinsen |
|---|---|---|---|
| c) | | 15 500 € | 1046,25 € |
| d) | 4,4% | | 25,52 € |
| e) | | 1360 € | 17,00 € |
| f) | 2,8% | 24 300 € | |
| g) | | 8300 € | 473,10 € |
| h) | 6,8% | | 3944,00 € |
| i) | 7,9% | 24 500 € | |
| k) | | 132 000 € | 12 672,00 € |
| l) | 8,8% | 6800 € | |
| m) | 7,25% | | 1305,00 € |

**2** Zur Konfirmation hat Nils von seinem offensichtlich recht wohlhabenden Patenonkel ein Sparguthaben über 9000 € geschenkt bekommen. Bis zu seinem 18. Lebensjahr darf er allerdings das Kapital nicht antasten. Nur die fälligen Zinsen darf er sich jeweils am Jahresende auszahlen lassen und damit sein Taschengeld aufbessern. Wie hoch sind die jährlichen Zinsen, wenn der Zinssatz 5,75% beträgt?

**3** Ein Bundesschatzbrief über einen Betrag von 7500 € war das großzügige Geschenk, das Laura von ihren Großeltern zum Schulanfang bekommen hat. Mit dem Kauf eines solchen Bundesschatzbriefes leiht der Käufer der Bundesrepublik Deutschland 6 Jahre lang einen bestimmten Geldbetrag. Die Zinsen, die er dafür erhält, steigen dabei von Jahr zu Jahr. Sie betragen

im 1. Jahr 3,25%, im 4. Jahr 6,25%,
im 2. Jahr 4,50%, im 5. Jahr 6,75%,
im 3. Jahr 5,50%, im 6. Jahr 7,50%.

**a)** Wie viel Zinsen bekommt Laura in den einzelnen Jahren?
**b)** Wie viel Zinsen bekommt Laura insgesamt?
**c)** Mit welchem über die 6 Jahre gleich bleibenden Zinssatz würde man denselben Zinsbetrag erhalten?

4 Einen Teil seines Vermögens hat Herr Kronecker in Pfandbriefen mit einem Zinssatz von 6,25% angelegt. Wie hoch ist der angelegte Betrag, wenn Herr Kronecker dafür jedes Jahr 4062,50 € Zinsen erhält?

5 6352,50 € hatte Benjamin zum Jahresbeginn auf seinem Sparbuch. Am Jahresende war dieser Betrag auf 6632,01 € angewachsen. Wie hoch ist der Zinssatz, wenn während des ganzen Jahres weder Ein- noch Auszahlungen vorgenommen wurden?

6 Die Einlagen eines Sparkontos werden mit 3,5% verzinst. Am Ende des Jahres beträgt der Kontostand einschließlich der Jahreszinsen 2299,77 €. Wie hoch war das Guthaben am Jahresanfang, wenn im Laufe des Jahres weder Ein- noch Auszahlungen vorgenommen wurden?

7 Zum Kauf einer Eigentumswohnung hat Herr Koebe bei seiner Sparkasse Geld geliehen. Den geliehenen Betrag bezeichnet man üblicherweise als Darlehen. Wie hoch ist das Darlehen, wenn Herr Koebe dafür bei einem Zinssatz von 8,4% jährlich 7770 € Zinsen bezahlen muss?

8 Der Nachbar des Herrn Koebe aus der vorhergehenden Aufgabe hat zum Bau seines Eigenheimes ebenfalls ein Darlehen aufgenommen. Er tat das aber zu einer Zeit, als der Zinssatz nur 7,5% betrug. Wie hoch ist sein Darlehen, wenn er dafür ebenfalls 7770 € jährlich an Zinsen entrichten muss?

### 3. Berechnung der Zinsen für einzelne Tage

Wenn es sein muss, berechnen die Sparkassen und Banken die Zinsen natürlich nicht nur für ganze Jahre, sondern auch für einzelne Tage.
**Beispiel:**

Mit dem zu erwartenden Weihnachtsgeld will Herr Lambert seinen neuen Wagen finanzieren. Da er das Fahrzeug aber bereits am 25. Juni bezahlen muss, leiht er sich bei seiner Bank einen Betrag von 4500 € zu einem Zinssatz von 11,5%. 156 Tage später Tage trifft endlich das Weihnachtsgeld ein, mit dem

Herr Lambert den geliehenen Betrag zurückzahlen kann. Wie hoch sind die Zinsen für den geliehenen Betrag?

Lösung: Würde Herr Lambert die 4500 € für ein ganzes Jahr ausleihen, dann müsste er

$$\frac{4500\,€}{100} \cdot 11{,}5 = 517{,}50\,€$$

Zinsen zahlen.

Um die Zinsen für einen Tag zu berechnen, müsste man diesen Betrag nun durch 365 bzw. in Schaltjahren durch 366 teilen, weil das normale Jahr 365 und das Schaltjahr 366 Tage hat. Die Banken haben sich jedoch dahingehend geeinigt, jedes Jahr, ob normales Jahr oder Schaltjahr, zu 360 Tagen zu rechnen. Um die Zinsen für einen Tag zu berechnen, muss man also die Jahreszinsen, die mit der Formel

$$z = \frac{k \cdot p}{100}$$

berechnet werden, durch 360 teilen. Es ergibt sich damit für die Zinsen $z_1$, die für einen Tag zu zahlen sind, die Beziehung:

$$z_1 = \frac{k \cdot p}{100} : 360 = \frac{k \cdot p}{100 \cdot 360}.$$

Die Zinsen $z_t$ für t Tage ergeben sich dann aber aus der **Formel:**

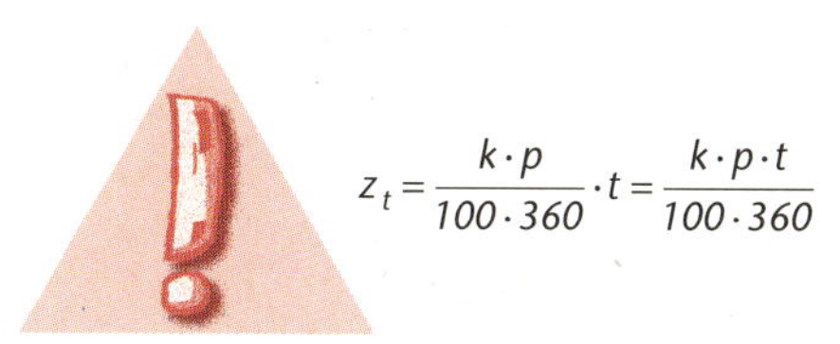

$$z_t = \frac{k \cdot p}{100 \cdot 360} \cdot t = \frac{k \cdot p \cdot t}{100 \cdot 360}$$

Mit dieser Formel lässt sich nun berechnen, wie viel Zinsen Herr Lambert zu zahlen hat.

Gegeben: Kapital k = 4500 €
Zinssatz p% = 11,5%
Anzahl der Tage t = 156

Gesucht: Zinsen $z_t$

Lösung: Wir setzen die gegebenen Werte in die Formel

$z_t = \frac{k \cdot p \cdot t}{100 \cdot 360}$ ein und erhalten:

$z_{156} = \frac{4500 € \cdot 11{,}5 \cdot 156}{100 \cdot 360}$

$z_{156} = 224{,}25 €$

**Antwortsatz:** Herr Lambert muss 224,25 € Zinsen bezahlen.

### 4. Übungen

**9** Wie viel Zinsen bekommt ein Millionär, wenn er sein Kapital von einer Million € in Euroanleihen zu einem Zinssatz von 6,75 % angelegt hat

**a)** an einem Tag,
**b)** in einer Woche,
**c)** in einem Monat zu 30 Tagen?
**d)** Wie hoch wären die entsprechenden Beträge bei einem Milliardär?

**10** 54 000 € hat sich Herr Wiener im Laufe seines langen Arbeitslebens vom Munde abgespart, um mit den Zinsen dieses Kapitals seine Rente aufbessern zu können. 6,5% beträgt der Zinssatz, den ihm seine Bank dafür zahlt. Welchen Betrag kann Herr Wiener in einem Monat mit

**a)** 30 Tagen,
**b)** 31 Tagen,
**c)** 28 Tagen seiner kleinen Rente hinzufügen?

Erst 24 Tage nach Lieferung ihres neuen Wagens bezahlte Frau Wintner die über 24 000 € lautende Rechnung. Das bedeutet nichts anderes, als dass ihr der Autoverkäufer für diese Zeit die 24 000 € unfreiwillig geliehen hat. Wie viel Zinsen sind dem Verkäufer dadurch entgangen, wenn man mit einem jährlichen Zinssatz von 6,75% rechnet.

Wie viel Zinsen entgehen einem Lieferanten, wenn sein Kunde eine Rechnung über 2 535 000 € erst mit einer Verzögerung von 8 Tagen bezahlt (Zinssatz 7,8%)?

2,5 Milliarden Euro betrug der Kredit, den der bayerische Ministerpräsident und CSU-Vorsitzende Franz-Josef Strauß Anfang der 80er-Jahre der damals noch bestehenden DDR verschafft hat. Listig sei er gewesen, der Franz-Josef Strauß, behauptet ein Witzbold, denn an der Zinszahlung für diesen Riesenbetrag sei die DDR schließlich wirtschaftlich zugrunde gegangen. Angenommen, für diesen Betrag sei ein Zinssatz von 6,75% ausgehandelt worden, wie viel Zinsen waren dann

**a)** täglich,
**b)** wöchentlich fällig?

Berechne Aufgabe 13 für den Fall, dass der Zinssatz

**a)** 5,85%,
**b)** 7,2% beträgt.

# Lösungen

## Zu den Aufgaben des 1. Kapitels

**1**

a)

$$\begin{array}{l} 30\,€ - x \text{ Liter} \\ 42{,}00\,€ - 35 \text{ Liter} \\ \hline x = \dfrac{30 \cdot 35}{42{,}00} \text{ Liter} = 25 \text{ Liter} \end{array}$$

b)

$$\begin{array}{l} 30\,€ - x \text{ Liter} \\ 43{,}75\,€ - 35 \text{ Liter} \\ \hline x = \dfrac{30 \cdot 35}{43{,}75} \text{ Liter} = 24 \text{ Liter} \end{array}$$

**2**

a)

$$\begin{array}{l} 35 \text{ Liter} - x\,€ \\ 42 \text{ Liter} - 51{,}24\,€ \\ \hline x = \dfrac{35 \cdot 51{,}24}{42}\,€ = 42{,}70\,€ \end{array}$$

b)

$$\begin{array}{l} 47{,}58\,€ - x \text{ Liter} \\ 51{,}24\,€ - 42 \text{ Liter} \\ \hline x = \dfrac{47{,}58 \cdot 42}{51{,}24} \text{ Liter} = 39 \text{ Liter} \end{array}$$

**3**

a)

$$\begin{array}{l} 4000 \text{ Liter} - x\,€ \\ 3220 \text{ Liter} - 1178{,}52\,€ \\ \hline x = \dfrac{4000 \cdot 1178{,}52}{3220}\,€ \\ \quad = 1464\,€ \end{array}$$

b)

$$\begin{array}{l} 2031{,}30\,€ - x \text{ Liter} \\ 1178{,}52\,€ - 3220 \text{ Liter} \\ \hline x = \dfrac{2031{,}30 \cdot 3220}{1178{,}52} \text{ Liter} \\ \quad = 5550 \text{ Liter} \end{array}$$

**4**

$$\begin{array}{l} 54 \text{ Fliesen} - x\,€ \\ 960 \text{ Fliesen} - 648\,€ \\ \hline x = \dfrac{54 \cdot 648}{960}\,€ = 36{,}45\,€ \end{array}$$

**5**

$$\begin{array}{l} 45 \text{ kg} - x\,€ \\ 435 \text{ kg} - 97{,}75\,€ \\ \hline x = \dfrac{45 \cdot 97{,}75}{435}\,€ = 10{,}11\,€ \end{array}$$

**6**

$$\begin{array}{l} 220 \text{ Eier} - x\,€ \\ 3450 \text{ Eier} - 414\,€ \\ \hline x = \dfrac{220 \cdot 414}{3450}\,€ = 26{,}40\,€ \end{array}$$

**7**

$$\begin{array}{l} 6{,}12\,€ - x \text{ g} \\ 2{,}40\,€ - 500 \text{ g} \\ \hline x = \dfrac{6{,}12 \cdot 500}{2{,}40} \text{ g} = 1275 \text{ g} \end{array}$$

Es sind 25 g mehr.

**8**

$$\begin{array}{l} 0{,}10\,€ - x \text{ g} \\ 1{,}25\,€ - 100 \text{ g} \\ \hline x = \dfrac{0{,}1 \cdot 100}{1{,}25} \text{ g} = 8 \text{ g} \end{array}$$

8 g mehr; 3,85 €

**9**

$$\begin{array}{l} 380 \text{ g} - x\,€ \\ 350 \text{ g} - 2{,}80\,€ \\ \hline x = \dfrac{380 \cdot 2{,}80}{350}\,€ = 3{,}04\,€ \end{array}$$

**10**

$$\begin{array}{l} 150\,g - x\,€ \\ 1000\,g - 5{,}40\,€ \\ \hline x = \frac{150 \cdot 5{,}40}{1000}\,€ = 0{,}81\,€ \end{array}$$

Es war für 9 ct mehr.

**11**

$$\begin{array}{l} 370\,g - x\,€ \\ 1000\,g - 8{,}00\,€ \\ \hline x = \frac{370 \cdot 8{,}00}{1000}\,€ = 2{,}96\,€ \end{array}$$

Es sind mehr als 370 g.

**12**

a) $$\begin{array}{l} 165\,km/h - x\,Umdr. \\ 105\,km/h - 4200\,Umdr. \\ \hline x = \frac{165 \cdot 4200}{105}\,Umdr. = 6600\,Umdr. \end{array}$$

b) $$\begin{array}{l} 7000\,Umdr. - x\,km/h \\ 4200\,Umdr. - 105\,km/h \\ \hline x = \frac{7000 \cdot 105}{4200}\,km/h = 175\,km/h \end{array}$$

**13**

a) $$\begin{array}{l} 7{,}2\,km - x\,Schr. \\ 12\,km - 16\,000\,Schr. \\ \hline x = \frac{7{,}2 \cdot 16\,000}{12}\,Schr. = 9600\,Schr. \end{array}$$

b) $$\begin{array}{l} 13\,700\,Schr. - x\,km \\ 16\,000\,Schr. - 12\,km \\ \hline x = \frac{13\,700 \cdot 12}{16\,000}\,km = 10\frac{11}{40}\,km \end{array}$$

**14**

a) $$\begin{array}{l} 7{,}2\,km - x\,Schr. \\ 12\,km - 18\,750\,Schr. \\ \hline x = \frac{7{,}2 \cdot 18\,750}{12}\,Schr. = 11\,250\,Schr. \end{array}$$

b) $$\begin{array}{l} 13\,700\,Schr. - x\,km \\ 18\,750\,Schr. - 12\,km \\ \hline x = \frac{13\,700 \cdot 12}{18\,750}\,km = 8{,}768\,km \end{array}$$

**15** Es liegt keine Proportionalität vor.

**16**

a) $$\begin{array}{l} 888\,000\,m - x\,Umdr. \\ 150\,m - 64\,Umdr. \\ \hline x = \frac{888\,000 \cdot 64}{150}\,Umdr. \\ = 378\,880\,Umdr. \end{array}$$

b) $$\begin{array}{l} 25\,000\,000\,Umdr. - x\,km \\ 64\,Umdr. - 0{,}150\,km \\ \hline x = \frac{25\,000\,000 \cdot 0{,}150}{64}\,km \\ = 58\,593{,}75\,km \end{array}$$

**17**

a) $$\begin{array}{l} 45{,}26\,sfr. - x\,€ \\ 32{,}85\,sfr. - 22{,}50\,€ \\ \hline x = \frac{45{,}26 \cdot 22{,}50}{32{,}85}\,€ = 31{,}00\,€ \end{array}$$

b) $$\begin{array}{l} 7{,}50\,€ - x\,sfr. \\ 22{,}50\,€ - 32{,}85\,sfr. \\ \hline x = \frac{7{,}50 \cdot 32{,}85}{22{,}50}\,sfr. = 10{,}95\,sfr. \end{array}$$

**18**

a) $$\begin{array}{l} 72\,Zeilen - x\,€ \\ 128\,Zeilen - 17{,}92\,€ \\ \hline x = \frac{72 \cdot 17{,}92}{128}\,€ = 10{,}08\,€ \end{array}$$

b) $$\begin{array}{l} 21{,}84\,€ - x\,Zl. \\ 17{,}92\,€ - 128\,Zl. \\ \hline x = \frac{21{,}84 \cdot 128}{17{,}92}\,Zl. = 156\,Zl. \end{array}$$

**19**

**a)**
92 191 € – x Expl.
122 815 € – 84 700 Expl.

$$x = \frac{92\,191 \cdot 84\,700}{122\,815}\ \text{Expl.} = 63\,580\ \text{Expl.}$$

**b)**
78 700 Expl. – x €
84 700 Expl. – 122 815 €

$$x = \frac{78\,700 \cdot 122\,815}{84\,700}\ € = 114\,115\ €$$

**20**

**a)**
540 km/h – x Min.
960 km/h – 405 Min.

$$x = \frac{960 \cdot 405}{540}\ \text{Min.} = 720\ \text{Min.}$$

**b)**
192 Min. – x km/h
405 Min. – 960 km/h

$$x = \frac{405 \cdot 960}{192}\ \text{km/h} = 2025\ \text{km/h}$$

**21**

**a)**
70 km/h – x Std.
63 km/h – 15 Std.

$$x = \frac{63 \cdot 15}{70}\ \text{Std.} = 13{,}5\ \text{Std.}$$

**b)**
12,5 Std. – x km/h
15 Std. – 63 km/h

$$x = \frac{15 \cdot 63}{12{,}5}\ \text{km/h} = 75{,}6\ \text{km/h}$$

**22**

45 Umdr. – x Min.
33 Umdr. – 9 Min.

$$x = \frac{33 \cdot 9}{45}\ \text{Min.} = 6{,}6\ \text{Min.}$$

**23**

**a)**
75 km/h – x Std.
60 km/h – 8 Std.

$$x = \frac{60 \cdot 8}{75}\ \text{Std.} = 6{,}4\ \text{Std.}$$

**b)**
6 Std. – x km/h
8 Std. – 60 km/h

$$x = \frac{8 \cdot 60}{6}\ \text{km/h} = 80\ \text{km/h}$$

**24**

$10\,\frac{\text{km}}{\text{h}}$ – x Std.
$6\,\frac{\text{km}}{\text{h}}$ – 7 Std.

$$x = \frac{6 \cdot 7}{10}\ \text{Std.} = 4{,}2\ \text{Std.}$$

**25**

1,80 m – x Umdr.
5,20 m – 1458 Umdr.

$$x = \frac{5{,}20 \cdot 1458}{1{,}80}\ \text{Umdr.} = 4212\ \text{Umdr.}$$

**26**

9 Erben – je x €
8 Erben – je 121 500 €

$$x = \frac{8 \cdot 121\,500}{9}\ € = 108\,000\ €$$

**27**

Es besteht keinerlei proportionale Zuordnung.

**28**

**a)** 26 Zl. – x S.
24 Zl. – 624 S.

$x = \frac{24 \cdot 624}{26}$ S. = 576 S.

**b)** 468 S. – x Zl.
624 S. – 24 Zl.

$x = \frac{624 \cdot 24}{468}$ Zl. = 32 Zl.

**29**

0,55 € – x Fl.
0,45 € – 44 Fl.

$x = \frac{0{,}45 \cdot 44}{0{,}55}$ Fl. = 36 Fl.

**30**

14 Mann – x Liter
12 Mann – 2,8 Liter

$x = \frac{12 \cdot 2{,}8}{14}$ Liter = 2,4 Liter

**31**

**a)** 22 Mann – x Tage
18 Mann – 55 Tage

$x = \frac{18 \cdot 55}{22}$ Tage = 45 Tage

**b)** 90 Tage – x Mann
55 Tage – 18 Mann

$x = \frac{55 \cdot 18}{90}$ Mann = 11 Mann

**32**

**a)** direkt proportional
3597 € – x £
1 € – 0,67930 £

$x = \frac{3597 \cdot 0{,}67930}{1}$ £
= 2443,44 £

**b)** direkt proportional
2314 £ – x €
0,67930 £ – 1 €

$x = \frac{2314 \cdot 1}{0{,}67930}$ €
= 3406,45 €

**33**

direkt proportional
16,5 $m^2$ – x €
118,8 $m^2$ – 693 €

$x = \frac{16{,}5 \cdot 693}{118{,}8}$ € = 96,25 €

**34**

**a)** umgekehrt proportional
9 Personen – x Tage
15 Personen – 42 Tage

$x = \frac{15 \cdot 42}{9}$ Tage = 70 Tage

**34**

**b)** umgekehrt proportional
56 Tage – x Pers.
42 Tage – 15 Pers.

$x = \frac{42 \cdot 15}{56}$ Pers. = 11,25 Pers.
höchstens 11 Personen

**c)** umgekehrt proportional
Nach 30 Tagen reicht er für
20 Pers. – noch x Tage
15 Pers. – noch 12 Tage

$x = \frac{15 \cdot 12}{20}$ Tage = 9 Tage
insgesamt 39 Tage

**35**

**a)** direkt proportional

1650 Std. – x Liter
1725 Std. – 7590 Liter

$x = \frac{1650 \cdot 7590}{1725}$ Liter = 7260 Liter

**b)** direkt proportional

1540 Liter – x Std.
7590 Liter – 1725 Std.

$x = \frac{1540 \cdot 1725}{7590}$ Std. = 350 Std.

**36**

umgekehrt proportional

$4{,}4\,\frac{\text{Liter}}{\text{Std.}}$ – x Std.
$3{,}5\,\frac{\text{Liter}}{\text{Std.}}$ – 1200 Std.

$x = \frac{3{,}5 \cdot 1200}{4{,}4}$ Std. $= 954\frac{6}{11}$ Std.

**37**

**a)** direkt proportional

17,5 Min. – x m
12,5 Min. – 4200 m

$x = \frac{17{,}5 \cdot 4200}{12{,}5}$ m = 5880 m

**b)** direkt proportional

7000 m – x Min.
4200 m – 12,5 Min.

$x = \frac{7000 \cdot 12{,}5}{4200}$ Min. $= 20\frac{5}{6}$ Min.

**38**

**a)** umgekehrt proportional

3,6 m/s – x Min.
4,2 m/s – 25 Min.

$x = \frac{4{,}2 \cdot 25}{3{,}6}$ Min. $= 29\frac{1}{6}$ Min.

**b)** umgekehrt proportional

$23\frac{1}{3}$ Min. – x m/s
25 Min. – 4,2 m/s

$x = \frac{25 \cdot 4{,}2}{23\frac{1}{3}}$ m/s = 4,5 m/s

**39**

**a)** direkt proportional

18 Umdr. – x m
5 Umdr. – 37,5 m

$x = \frac{18 \cdot 37{,}5}{5}$ m = 135 m

**b)** direkt proportional

1500 m – x Umdr.
37,5 m – 5 Umdr.

$x = \frac{1500 \cdot 5}{37{,}5}$ Umdr. = 200 Umdr.

**40**

**a)** umgekehrt proportional

5 Spieler – je x €
3 Spieler – je 225 365 €

$x = \frac{3 \cdot 225\,365}{5}$ €
= 135 219 €

**b)** umgekehrt proportional

4 Spieler – je x €
3 Spieler – je 225 365 €

$x = \frac{3 \cdot 225\,365}{4}$ €
= 169 023,75 €

**41**

a) direkt proportional
100 Umdr. – x km/h
80 Umdr. – 27 km/h

$x = \frac{100 \cdot 27}{80}$ km/h = 33,75 km/h

b) direkt proportional
21,6 km/h – x Umdr.
27 km/h – 80 Umdr.

$x = \frac{21{,}6 \cdot 80}{27}$ Umdr. = 64 Umdr.

**42**

direkt proportional
550 kcal – x Min.
165 kcal – 60 Min.

$x = \frac{550 \cdot 60}{165}$ Min. = 200 Min.

## Zu den Aufgaben des 2. Kapitels

**1**

a) 58,20 €; b) 1048,32 kg; c) 60,16 km; d) 3589,75 €;
e) 3915,64 kg; f) 548,10 €; g) 30,6 km; h) 81,51 kg;
i) 5888,01 €; k) 1600,12 €; l) 3799,62 €; m) 37,8 kg.

**2**

a) 43,4 €; b) 9 m; c) 175 kg; d) 1174 km;
e) 103 €; f) 1262 €; g) 877,4 kg; h) 31,25 €;
i) 2,15 €; k) 376,75 €; l) 801 €; m) 873,3 €.

**3**

a) 421,08 €; b) 635,5 kg; c) 1863,25 km; d) 716,38 €;
e) 142 50 €; f) 267,50 €; g) 420,66 kg; h) 317,34 kg;
i) 1215 €; k) 296 €; l) 47,32 €; m) 131,25 kg.

**4**

a) 88,56 €; b) 115,64 kg; c) 51,66 m; d) 936,90 €;
e) 1728,72 €; f) 531 €; g) 472,5 €; h) 551,598 kg;
i) 3,60 €; k) 4430,79 €; l) 1485,46 €; m) 611 €;
n) 370,45 €; o) 15 709,20 €.

**5**

140% von 50 km/h = 70 km/h

**6**

„Picobello“: 104,2% von 9650 € = 10 055,30 €
„Medium normale“: 13 962,80 €
„Supertramp de luxe“: 24 122,30 €
„Twinquick“: 20 162,70 €

**7** 103,5% von 580 € = 600,30 €

**8** Martin: 60% von 48 kg = 28,8 kg ≈ 28,8 Liter Wasser;
Vater: 49,2 Liter Wasser

**9**

| | | | |
|---|---|---|---|
| Bananen: | 60% von 0,95 € = 0,57 € | | |
| Pfirsiche: | 0,87 € | Kirschen: | 1,17 € |
| Trauben: | 1,29 € | Erdbeeren: | 1,11 € |
| Pflaumen: | 1,05 € | Heidelbeeren: | 2,19 € |

**10** 97% von 4375 € = 4243,75 €

**11** 21% von 2,2 kg = 0,462 kg

**12**
**a)** 568 €; **b)** 568 €; **c)** 232 kg; **d)** 4562 €;
**e)** 1648 km; **f)** 68,5 €; **g)** 235 €; **h)** 3688 €;
**i)** 56 980 €; **k)** 3996 €.

**13**
**a)** 356 €; **b)** 5688 €; **c)** 590 €; **d)** 56 950 €;
**e)** 2360 €; **f)** 236 €; **g)** 26 820 €; **h)** 569 €;
**i)** 755 €; **k)** 6669 €; **l)** 245 €; **m)** 56 696 €.

**14** „Von welchem Grundwert sind 30% gleich 54 €?" 180 €

**15** „Von welchem Grundwert sind 103,5% gleich 2525,40 €?" 2440 €

**16** „Von welchem Grundwert sind 9,5% gleich 456 Liter?" 4800 Liter

**17** „Von welchem Grundwert sind 18% gleich 857,70 €?" 4765 €

**18** „Von welchem Grundwert sind 56% gleich 546?" 975

**19** „Von welchem Grundwert sind 16% gleich 3612 €?" 22 575 €
Preis ohne Mehrwertsteuer: 22 575 €
Preis mit Mehrwertsteuer: 22 575 € + 3612 € = 26 187 €

**20**
**a)** 15 %; **b)** 8,5%; **c)** 12,6%; **d)** 115 %;
**e)** 125%; **f)** 35%; **g)** 40%; **h)** 250%;
**i)** 130%; **k)** 26%; **l)** 28%; **m)** 7,75%.

**21**

**a)** 2%; **b)** 12%; **c)** 12%; **d)** 25%;
**e)** 24%; **f)** 44%; **g)** 18%; **h)** 55%;
**i)** 67%; **k)** 120%; **l)** 250%; **m)** 34%.

**22**

**a)** 36%; **b)** 15%; **c)** 7,25%; **d)** 25,5%;
**e)** 2,2%; **f)** 133 %; **g)** 114%; **h)** 32 %;
**i)** 312,5%; **k)** 32%; **l)** 312,5%; **m)** 87%;
**n)** 56%; **o)** 29%; **p)** 4,5%; **q)** 125%;
**r)** um 14%; **s)** um 12%; **t)** um 32%; **u)** um 35%;
**v)** um 64%; **w)** um 120%; **x)** um 7,5%; **y)** um 34,25%;
**z)** um 7,5%.

**23** „Wie viel % von 16 sind 2?" 12,5%

**24** „Wie viel % von 18 sind 2?" $11\frac{1}{9}$%

**25** „Wie viel % von 2775 € sind 666 €?" 24%

**26** „Wie viel % von 1025 sind 533?" 52%

**27** „Wie viel % von 578 € sind 37,57 €?" 6,5%

**28** „Wie viel % von 32 sind 4?" 12,5%

**29** „Wie viel % von 82 kg sind 12,3 kg?" 15%

**30** „Wie viel % von 28840 Std. sind 721 Std.?" 2,5%

**31** „Wie viel % von 320 sind 72?"
22,5% „gut geeignet" 18,75% „bedingt geeignet"
47,5% „geeignet" 11,25% „nicht geeignet"

**32**

**a)** 105 €; **b)** 1325 kg; **c)** 38%; **d)** 5,4 Liter;
**e)** 4700 €; **f)** 215%; **g)** 297,6 kg; **h)** 43 750 €;
**i)** 85%.

**33**

**a)** 120% von 12 € = 14,40 €;
**b)** 80% von 14,40 € = 11,52 €;
**c)** „Wie viel % von 14,40 € sind 2,40 €?" $16\frac{2}{3}$%

**34**

„Wie viel % von 850 sind 544?"

64% Schulbus; 4% Mofa;
24% Fahrrad; 8% zu Fuß.

**35**

**a)** 8% von 75 kg = 6 kg;
**b)** 56% von 6 kg = 3,36 kg;
44% von 6 kg = 2,64 kg;
**c)** 10% von 6 kg = 0,6 kg;
**d)** 30% von 6 kg = 1,8 kg.

**36**

99% von 100 kg = 99 kg;
die frisch gepflückten Erdbeeren bestehen also aus 99 kg Wasser und 1 kg Trockenmasse.
Die Trockenmasse macht somit bei den frisch gepflückten Erdbeeren 1% der Gesamtmasse aus. Am Abend, wenn der Wassergehalt auf 98% gesunken ist, ist nach wie vor 1 kg Trockenmasse vorhanden. Dieses eine Kilogramm Trockenmasse macht nun aber 100% – 98% = 2% der Gesamtmasse aus.

Damit erhalten wir die Aufgabe:

„Von welchem Grundwert sind 2% gleich 1 kg?"

Ergebnis: Am Abend wiegen die Erdbeeren bei einem Wassergehalt von 98% nur noch 50 kg.

**37**

**a)** „Wie viel % von 48 kg sind 4 kg?" $8\frac{1}{3}\%$;

**b)** „Wie viel % von 52 kg sind 4 kg?" $7\frac{9}{13}\%$.

**38**

„Von welchem Grundwert sind 108% gleich 3866,40 €?" 3580 €

**39**

„Wie viel % von 160 Std. sind 48 Std.?"

30,00% gewöhnliche Brüche
18,75% Dezimalbrüche
3,75% Wiederholung der Bruchrechnung
11,25% Dreisatz bei direkter Proportionalität
13,75% Dreisatz bei umgekehrter Proportionalität
12,50% Prozentrechnung
3,75% Wiederholung von Dreisatz und Prozentrechnung
6,25% Reserve

**40** Wie viel % von 30,47 € sind 42,87 €? 140,7% – 100% = 40,7%

**41** Note 1: 7,5% von 80 Teilnehmern = 6 Teilnehmer;
Note 2: 14 Teilnehmer;
Note 3: 29 Teilnehmer;
Note 4: 17 Teilnehmer;
Note 5: 10 Teilnehmer;
Note 6: 4 Teilnehmer.

**42** „Wie viel % von 325 € sind 78 €?" 24%

**43** 100% – 32% = 68%; 68% von 2875 € = 1955 €

**44** „Von welchem Grundwert sind 15% gleich 6,30 €?" 42 €
Die Rechnung lautete über 42 €;
Herr Jacobi zahlte 42 € + 6,30 € = 48,30 €.

**45** 108% von 140 $\frac{\text{km}}{\text{h}} = 151{,}2\ \frac{\text{km}}{\text{h}}$;
92% von 140 $\frac{\text{km}}{\text{h}} = 128{,}8\ \frac{\text{km}}{\text{h}}$.

**46** „Wie viel % von 3800 Liter sind 475 Liter?" 12,5%

**47** „Von welchem Grundwert sind 22% gleich 616 €?" 2800 €

## Zu den Aufgaben des 3. Kapitels

**1**
**a)** 95,40 €; **b)** 5200 €; **c)** 6,75%; **d)** 580 €;
**e)** 1,25%; **f)** 680,40 €; **g)** 5,7%; **h)** 58 000 €;
**i)** 1935,50 €; **k)** 9,6%; **l)** 598,40 €; **m)** 18 000 €.

**2** 517,50 €.

**3**
**a)** 1. Jahr: 243,75 €; 2. Jahr: 337,50 €; 3. Jahr: 412,50 €;
4. Jahr: 468,75 €; 5. Jahr: 506,25 €; 6. Jahr: 562,50 €;
**b)** 2531,25 €; **c)** 5,625 %.

**4** 65 000 €.

| | | | |
|---|---|---|---|
| 5 | 4,4%. | | |
| 6 | 2222 €. | | |
| 7 | 92 500 €. | | |
| 8 | 103 600 €. | | |
| 9 | **a)** 187,50 €;<br>**d)** 187 500 €, | **b)** 1312,50 €;<br>1 312 500 €, | **c)** 5625 €;<br>5 625 000 €. |
| 10 | **a)** 292,50 €; | **b)** 302,25 € | **c)** 273 €. |
| 11 | 108 €. | | |
| 12 | 4394 €. | | |
| 13 | **a)** 468 750 €; | **b)** 3 281 250 €. | |
| 14 | **a)** 406 250 €, 2 843 750 €; | | **b)** 500 000 €, 3 500 000 €. |